文明を変えた植物たち

コロンブスが遺した種子

酒井伸雄

Sakai Nobuo

1183
NHKBOOKS

NHK出版【刊】

Printed in Japan

［本文組版］　佐藤裕久
［編集協力］　大河原晶子
［イラスト］　原 清人

◉

はじめに

水平線の彼方はどうなっているのか誰にもわからなかった時代、コロンブスは西へ向かってパロスの港を出港したが、この航海は単なる冒険家としての行動ではなかった。この航海はアジアに到達して、スパイス類や黄金を持ち帰ることが目的であり、コロンブスは壮大な事業として計画していたのである。彼はこの事業を「インディアスの事業」と名づけており、航海によってもたらされる利益の配分や、彼と家族の身分の保障などについて、国王との間で契約書を交わした上での航海であり、また、国王の支援を受けての航海でもあった。

合計四回にわたる航海は、予想もしていなかったアメリカ大陸の存在によって阻《はば》まれ、アジアに行き着くことができず、事業の成果はあがらなかった。一五〇六年五月二〇日、コロンブスは、自分が成し遂げた行為の真の価値を知ることもなく、スペインのバリャドリードの町で失意のうちに五五歳の生涯を終えている。コロンブスの最大の業績は、アメリカ航路を開拓したことであり、新旧大陸間の交流の道を拓いたことである。彼の死後、永い時間を経てから、大陸間の交流によって、徐々にではあったが社会にさまざまな変化が生まれ、現代の社会が形成されている。コロンブスの業績を文化史という視点で探ったのが本書である。

一四九二年一〇月一二日、サンタマリア号に乗り込んだコロンブスによって率いられた三隻の艦隊が、カリブ海に浮かぶワットリング島（現在のサン・サルバドル島）に到着して以降、コロンブスは「新大陸」の発見者としての名声を博してきた。アメリカ大陸の先住民が新大陸に最初に到達した人びとであることは別にして、コロンブスより四〇〇年以上も早い時期に新大陸に到達して、数十人が数年間を過ごした越冬基地の遺跡が見つかっている。

その当時、キリスト教徒からは「野蛮で残忍な異教徒の群れ」として恐れられており、現在ではヴァイキングの名で知られている古代スカンジナビア人が、一一世紀にニューファンドランド島に到着して越冬基地を築いていたのである。

最近では「コロンブスは新大陸の発見者である」とする表現は影をひそめ、「コロンブスは新大陸への最初の到達者である」という表現が主流になっているが、この表現もまた根拠に乏しい。現在までに判明している事実に基づくなら、新大陸への最初の到達者としての名声はコロンブスのものではなく、古代スカンジナビア人の頭上にこそ輝くべきものである。にもかかわらず、コロンブスの名声はいささかも傷つくことなく、さまざまな伝記に取り上げられて今も輝き続けている。なぜだろうか？

古代スカンジナビア人の新大陸への渡航と滞在は、ただ新大陸に足跡を残したというだけに終わっており、その後の歴史にほんのわずかさえも影響を与えてはいない。ましてや、越冬基地を残した古代スカンジナビア人のことなど、学校教育の場や伝記に取り上げられることもなく、ほとんどの人はその事実をまったく知らないでいる。
コロンブスの名前とその航海が歴史の上で輝いているのは、この航海が契機となって、ヨーロッパ大陸と新大陸の間で人の往来が盛んになり、その結果として新大陸からは多くの植物がさまざまな形でヨーロッパに渡り、それら植物がもたらした恵みが基礎となって、新たな文明が築かれてきたからではないだろうか。新大陸への到達者としては二番手であったにせよ、コロンブスの名前が歴史の中で重要な意味を持っているのは、四回にわたる彼の航海が、「新しい文明の形成」への幕開けになったという一点につきるであろう。

新大陸の先住民が飼育していた動物の種類は少なく、わずかに食肉用として七面鳥、アヒル、食用犬が知られており、アンデスの高地では肉や毛皮を目的に、ともにラクダ科に属するリャマやアルパカが飼育されていたくらいであって、ヨーロッパにおけるウシ、ウマ、ヒツジ、ブタなどのような、食肉用の大型の家畜は飼育されていなかった。新旧両大陸間の交流が始まって以降、ヨーロッパでは新たに家禽《かきん》としての七面鳥が飼育されるようになったくらいで、新大陸原産の動物がヨーロッパ文明に与えた影響は微々たるものでしかない。

一方、ヨーロッパ文明に大きな影響を与えて、現代の社会を生み出す上で、大きく関わっているのが新大陸原産の植物たちである。新大陸から伝来した植物たちがなかったら、現代の文明も食文化もまったく違う形になっていたであろうことは間違いない。

新大陸へ渡った探検家や船員たちが珍しさゆえの土産《みやげ》として、あるいは君主のため、または大学の植物園で栽培する標本として、新大陸原産の多くの植物をヨーロッパに持ち帰ってきた。ヨーロッパ人をたちまちのうちに虜《とりこ》にしてしまったタバコは例外として、伝来当初、多くの植物はせいぜい観賞用として栽培されるだけであった。時間の経過とともに、いくつかの植物は有用な植物として価値を認められて、ヨーロッパの社会に受け入れられ、アジアやアフリカにも伝わっていった。時代を経るにしたがって、新大陸から伝わってきた植物のいくつかは、フランシスコ・ピサロやエルナン・コルテスがインカ帝国やアステカ帝国を征服して略奪してきた金銀財宝よりも、人類にとってはるかに価値のあることが実証されるようになった。

新大陸原産の植物の中でも、ジャガイモ、サツマイモ、トウモロコシの三品は、面積当りのエネルギー収穫量の多さで、絶えず忍び寄ってくる飢餓の恐怖から人びとを解放したという点で、人類の生存と人口の増加に多大な貢献をしている。このほかにも、トウガラシ、カボチャ、トマト、インゲン、ピーナッツ、ヒマワリ（種子から油を搾る）、パイナップル、カシューナッツなどは栄養があって美味《おい》しいだけでなく、食事にさまざまな変化を与えてくれる。

カカオ（チョコレートの主原料）、チクル（チューインガムの主原料）、タバコなどの嗜好品は生活の句読点となって、それらを嗜《たしな》む人には安らぎをもたらし、人と人の間の潤滑剤として機能している。自動車や飛行機のタイヤとなり、あるいは電気の絶縁材料として現代の社会を支えているのはゴムであり、このゴムなしで現在の生活水準を維持することはまず不可能であろう。これらの植物が存在しなかったとしたら、文明も、また食文化も、現在とはそうとうに異なった姿になっているであろうこと、そしてその社会は現在と比べて決して快適ではないであろうこと、この二点は容易に推測しうる。

新大陸原産の植物のうちから、社会を支えるのに大きく貢献していると思われるジャガイモ、ゴム、カカオ（チョコレート）、トウガラシ、タバコ、トウモロコシの六つを本書では取り上げた。それぞれの植物の歴史的な背景と、社会とどのように関わってきたのか、また、現在の文明や食文化にどのように貢献をしているかについて考察を加えた。

第一章では、ヨーロッパ諸国がジャガイモをエネルギー源として食卓に上らせたことによって、人口が急速に増加し、その結果として国力は増強し、その後のキリスト教文明による世界支配の原動力となっていく経緯をたどる。

第二章では、ヨーロッパ大陸とゴムとの出会いから、黒いタイヤが生まれるまでの歴史を一つの柱とし、ゴムの生産が原産地のアマゾンから東南アジアに完全に移転した経緯をもう一つの柱として、ゴムが現代文明にどのように貢献しているかを概説した。

筆者は明治製菓の出身である以上、本書からカカオ、チョコレートを省くわけにはいかない。第三章は、その歴史のほとんどの期間を飲み物として利用されてきたチョコレートが、お菓子の王様となるまでの歴史をひもとく。さらに、アステカ時代から伝えられており、またヨーロッパに渡ってからも信じられていたチョコレートの薬効について、近代科学の視点から検証をした。

第四章ではトウガラシを取り上げる。トウガラシはアジア、アフリカの地にいち早く定着して、現在では単なる香辛料というよりは、日本における味噌・醬油と同様に、多くの地域での基礎調味料として使われており、もはや食生活には欠かすことのできない存在になっている。トウガラシが伝わってくるまで、スパイス類の強烈な刺激になじみの薄かった日本で、トウガラシ伝来後に生まれた辛味文化とその変遷についても考察した。

先進国では厳しい追及の矢面に立たされているのがタバコであるが、日本でもつい何年か前までは、「今日も元気だ、タバコがうまい」というコマーシャルがテレビで放映されていたのが嘘のように思われる。喫煙の効果のプラス・マイナスの論議は別の場に譲るとして、第五章ではヨーロッパに上陸したときから、ときには万能薬として高く評価されるなど、タバコが社会に及ぼしてきた影響を考察する。新大陸原産の植物と文明という視点からは、嗜好品ではあるがタバコははずせない。

現代では、肉を食べることは生活の豊かさを表す一つのバロメーターにもなっている。現代の食肉生産を支えているのは配合飼料であり、配合飼料全体に占めるトウモロコシの使用割合は五〇パーセントに上っている。第六章では、家畜を飼育する上で重要かつ不可欠な素材として欧米の肉食文化の発展や現在の日本人の食生活に大きく寄与しているだけではなく、アフリカやアジアにも伝わってゆき、その地に住む人びとの主食となって、食料事情の改善にも大きく貢献しているトウモロコシを取り上げた。

以上、六つの植物たちが、いかに深く人間社会とかかわってきたか、また、現代社会がいかに支えられているか、本書から感じとっていただければ幸いである。

【目次】

第四章　世界の調味料になったトウガラシ　129

［章扉出典］
『新しい記録と良き統治』ワマン・ポマ（第一章）
「ウルのスタンダード」大英博物館蔵（第二章）
『ヌッタル絵文書』（第三章）
『フィレンツェ絵文書』（第六章）

第一章 ヨーロッパ発展の原動力ジャガイモ

1　ジャガイモの原産地はアンデス高地

ジャガイモが培ったヨーロッパ文明

コロンブスの後に新大陸へ渡った者たちの中には、インカ帝国を滅ぼしたスペインの探検家フランシスコ・ピサロや、同じくスペイン出身でアステカ帝国を滅ぼしたエルナン・コルテスのように、略奪した金銀財宝を手にして本国へ凱旋《がいせん》した者もいた。しかし、当時のヨーロッパの食卓が求めてやまなかったスパイスの入手については、コロンブスをはじめとして、誰一人として成功者は現れなかった。もともと、トウガラシとオールスパイスを除けば、新大陸にはめぼしいスパイスは存在していなかったからである。しかも、強烈な辛味だけであまり香りのないトウガラシが、ヨーロッパの食卓で、スパイスとして評価されるようになるのはずっと後のことである。

当時、地中海を支配していたイスラム教徒に邪魔されることなく、キリスト教徒の支配下にある地域だけを通って、スパイスの入手経路を確保するというヨーロッパの願望は、新大陸への航路が開拓されてもかなえられることはなかった。しかし、新大陸からジャガイモが伝わり、長い年月を経てヨーロッパの食卓に定着するようになると、ヨーロッパの食料事情は劇的な変化をとげた。

同じ面積の畑にジャガイモを植えれば、ムギ類よりはるかに大きいエネルギー量を収穫できる。ジャガイモがムギ類の不足分を補う形で食卓に上るようになると、それまで常に飢餓におびえていた人々も、十分なエネルギーを摂取できるようになった。食料が十分にあれば、当然のことながら人口は増え、人口が増えれば国力も増強してゆく。また、食料が十分に供給される都市には多くの人びとが集まってくるようになり、新しい思想や発明発見が登場して、文明は発展していく。産業革命を達成して、ヨーロッパ社会が急速な発展を遂げた背景には、食料としてのジャガイモの存在があったことを忘れてはならない。

ジャガイモが食料として認められるようになると、パンに加工するのには不向きで、粥《かゆ》としてしか食べようがなかったオオムギやエンバクは、人びとの食料の座からはずされ、家畜の餌《えさ》として使われるようになった。さらに、不出来なジャガイモや人びとが食べてもなお余ったジャガイモも餌として使われるようになり、雪に閉ざされる冬の間であっても、家畜を越冬させるために十分な餌を確保できるようになった。冬でもブタを飼っておけるようになれば、秋の終わりに繁殖用以外のブタを一斉に殺して、その肉を塩漬けにして貯蔵しておく必要はなくなり、季節を問わず必要なときに家畜を食用にまわすことによって、常に新鮮な肉を口にすることが可能になった。臭くてまずかった塩漬肉からの解放という点では、ジャガイモはスパイスよりはるかに大きな貢献をすることになった。このように、ジャガイモが培ってきた文明を、以下詳しくみていこう。

原産地はアンデスの山の中

アンデス山脈はペルーとボリビアあたりで、東コルディエラ山脈と西コルディエラ・ネグラ山脈に分かれて並行している。二つの山脈の間には、南北八〇〇キロメートル、最大幅一六〇キロメートルもの広大なアルティプラノ高原が存在している。標高四〇〇〇メートル前後もあるこの高原では、樹木を見かけることはなく、見わたすかぎりの原野が続いている。この荒涼とした高原がジャガイモの原産地である。世界中で栽培されているジャガイモにはさまざまな品種があるが、分類学上ではすべてが一つの種に属している。一方、原産地であるこの高原には、分類学に従って分けると一〇種ものジャガイモが存在しており、品種にいたっては三〇〇種以上も数えられるという。

紀元前三〇〇〇年頃までには、ジャガイモはこの地で栽培されるようになっていた。日中は二〇度くらいまで気温が上がる夏でも、夜には氷点下に冷え込むことのある高原にあって、ジャガイモは厳しい気候に耐えて多くの収穫をもたらしてくれる。先住民は山の斜面を切り開き、遠くの川から水を引いて畑を耕して、ジャガイモを栽培していた。ジャガイモを主エネルギー源として利用することによって、穀類の栽培はまったく望めない標高四〇〇〇メートルの高原にも、人間が定住できるようになったのである。

小指の頭ほどのイモしか実らせなかった野生のジャガイモの品種改良が、長い年月の間、先住民によって続けられてきた。その結果、色や大きさをはじめ、味や栽培条件が異なる数多くの品種が生み出されることになった。ジャガイモはこの地域の人びとのエネルギー源として確固たる地位を占めるようになり、アンデスの高地にティワナク文明やインカ帝国という、高度に発達した文明が出現してくる原動力となったのである。

ジャガイモはもとより、イモ類はすべて地下で大きくなるので、地上に実る穀物に比べて気候の変動の影響を受けにくく、収穫量は比較的安定している。しかも穀類よりはるかに調理しやすく、自給自足をするための食料としては都合のよい作物である。反面、イモ類は水分を多く含んでいるために、長期の保存には適さないし、その重さのために大量輸送に際してはさまざまな問題が生じる。また、同じ量のエネルギーをとるためには、重量にして穀物の四〜五倍のイモを食べなければならないなど、穀物と比較してみると、イモ類を主なエネルギー源とする上でのハンディキャップは少なくない。

インカ文明を支えたジャガイモ

農業には適さないと思われるアンデスの高地に、ティワナクとインカ、二つの文明が出現した。最初に現れたのがティワナク文明で、九〜一一世紀にかけて最盛期を迎えた。引き続いてこの地に栄えたのがインカ帝国で、一五世紀には領土も最大規模にまで膨れあがり、スペインからの侵略者フランシスコ・ピサロによって滅ぼされるまで、高度な文明を発達させていた。

文明が発達するための必須条件は、エネルギーの供給源となる食料の生産と供給のシステムが整っていることである。農業に携わらなくても食料の供給が保証されていて、多くの人びとが集まってくる都会からしか文明は生まれない。食料を都市へ輸送し、貯蔵し、それを再配分するシステムが整っている社会では、王、貴族、神官、学者、官僚、技術者など、農業に従事することなく、頭

17世紀はじめに描かれたインカ時代のジャガイモ栽培の様子。左が植え付け期、右が収穫期（ワマン・ポマ『新しい記録と良き統治』）

脳を働かせることを生業《なりわい》とする人びとが集まり、そこに新しい文明が生まれてくる。

イモ類のように重くて、しかも穀物に比べて腐りやすい食料を大量に都会へ運び、それを再配分するということは、輸送手段が発達していなかったティワナクやインカの時代にあっては、非常に難しいことである。世界の歴史を顧みても、イモ類をエネルギー源としながら、国家らしい体制が誕生した例はきわめて少ない。太平洋上に点在するハワイ、タヒチ、トンガなどの島々で国が形づくられた例はあるが、ティワナクとインカを除けば、いずれにしても大きな国家、高度に発達した文明へと発展することはなかった。メソポタミア、エジプト、インド、中国で発達した四大文明は、いずれもエネルギー源を穀物に頼る地域に誕生していることからもわかる通り、エネルギー源をイモ類に頼らなければならない社会からは、大文明や大きな国家は生まれにくいと考えるのが普通であろう。

穀物の栽培にはまったく適していないアンデスの高原で、ティワナクとインカの文明が栄えるためには、ジャガイモはどのようにして人びとの生活を支える食料となることができたのであろうか。新大陸で多くの先住民がエネルギー源としていたのはトウモロコシであったが、アンデス高地の寒冷な気候条件の下ではトウモロコシは実を結ばない。アンデスの住民たちにとって、エネルギー源としてジャガイモを選ぶ以外の道はなかった。彼らは大自然を巧みに利用した、ユニークなジャガイモの処理方法を発明することによって、高度な文明を支えるための食料を作り出していたのである。

有毒だった野生のイモ類

現在のイモ類からは想像もつかないが、かつてほとんどのイモ類は有害な物質を含んでおり、食べるためにはアク抜きの手間を欠かせなかった。長い年月をかけて品種改良がおこなわれてきたおかげで、ジャガイモに含まれている有害な物質の量は少なくなり、あるいは容易にアク抜きができるように改良され、現代では特段の気を使うこともなくジャガイモを食べられる。

乾燥期や越冬に備えて、あるいは子孫を残すために、植物が地下で栄養分を貯《たくわ》えている部位がイモである。せっかく貯えた栄養分を動物に食べられてしまっては、イモ類は子孫を残すことができないので、ほとんどの野生のイモは、動物に食べられてしまうことがないよう、苦味の成分や有毒な成分を含んでいる。仮に、イノシシがイモを掘り起こして食べたとしても、有毒成分にあたって苦しんだり、不快な味に驚いて逃げ出すとすれば、イノシシは二度とそのイモに近づこうとしなくなる。

このことは、イモの側から見るならば、生存競争に適したイモということである。動物に食べられることを防ぐため、自然薯《じねんじょ》を除けば、ほとんどの野生のイモは味が悪いか有毒であると思って間違いなく、そのままでは食用にならないのが普通である。

イモ類の中でも口にする機会がもっとも多いジャガイモの仲間には、今でも有毒な成分を含んでいる品種がある。アンデス・アマゾンに詳しい写真家・高野潤は『アンデス食の旅』で、アンデスの山地で栽培されている原生種に近いジャガイモのアクの強さについて、次のように書いている。

> アンデスの場合、アク抜きされたチューニョやモラヤ（ともに凍結乾燥したジャガイモのこと）、カチ・チューニョ（凍結させたジャガイモのこと）などは別として、料理後時間が経過したジャガイモは決して口にしない。もし冷えてしまったら、家畜の餌などにする。食べるとしたら油で揚げるとか煮直すとかするが、ほとんどの場合そこまではしない。
>
> その理由は、アンデスのジャガイモそのものが、野生的要素が濃いためである。強いアクによって、胃も含めて内臓が膨脹し、ひどい時は死ぬほどの苦しみにもなるらしい。
>
> （以下、引用部分の括弧内は筆者注）

有毒物質を含んでいるのはアンデスのジャガイモだけではない。スーパーマーケットや八百屋の店頭に並んでいるジャガイモも、品種改良が進んでいるとはいえ、日光に当たって皮が緑色になった部分や芽には、ソラニンと呼ばれる有毒物質が含まれていて、口にするとエグい味がする。ソラニンで中毒すると、時には死に至ることもある。日本では一度に大量のジャガイモを食べる習慣がないので、ソラニン中毒の話を耳にすることはないが、料理に際して緑色に変色している皮を厚めにむいたり、芽の部分をえぐり取ったりすることは包丁を手にする者の常識になっている。

気象条件を利用して作る乾燥ジャガイモ

アンデスの高地を定住の地に選んだ先住民は、主なエネルギー源として食生活の中にジャガイモを取り込み、ティワナクやインカの文明はジャガイモによって支えられていた。重量がかさむため輸送する上での負担が大きく、長期の保存もできず、その上に有害物質を含んでいるなど、文明を支える食料としてジャガイモを選択する場合には、解決しなければならない問題点が多々ある。アンデスの住民たちは、気候条件を利用した素晴らしい解決法を生み出していた。ティワナク文明やインカ帝国を支えた食料は、チューニョと呼ばれる乾燥ジャガイモであった。

四月から九月にかけて、南半球にあるアンデスでは冬を迎えて乾期に入る。この季節の特徴の一つは、昼と夜の温度差が大きく、一日の間で三〇度以上も温度差が生じる点である。日中、太陽の

凍結、解凍を繰り返してぶよぶよになったジャガイモを踏みつけチューニョ作りに励む（©JUN TAKANO / SEBUN PHOTO / amanaimages）

下では二〇度近くまで気温が上がり、汗ばむほどの暖かさになっても、日が沈むとたちまち氷点下の世界へと急変する。一日の気温の温度差がもっとも大きい、真冬の六月から七月にかけてチューニョ作りがおこなわれる。

ジャガイモを野天に広げて、数日間そのまま放置しておく。冬の夜の厳しい冷え込みでジャガイモは凍結するが、日中になって気温が上昇してくるとジャガイモは解凍される。そのまま数日間放置して、凍結〜解凍のサイクルを繰り返すと、ジャガイモは指で軽く押しただけでも、皮が破れて水分が噴き出すくらいブヨブヨになる。このジャガイモを足で踏みつけると、皮が破れて水が流れ出る。その際、水と一緒に有毒な成分も流れ出してしまい、結果としてこの段階でジャガイモのアク抜きが完了する。

水が流れ出てしまった後、さらに数日間そのまま野天に放置しておけば、ジャガイモは天日で完全に乾燥して、薄い皮に覆われたコルク状のデンプン質だけが残る。これがチューニョと呼ばれる乾燥ジャガイモである。生のジャガイモの水分を八〇パーセント、チューニョの水分をマッシュポテトなみの七・五パーセントと仮定すると、一キログラムのジャガイモから二一五グラム程度のチューニョができ、重量にしてほぼ五分の一の軽さになる。こうして有害物質が除かれ、保存性に優れ、運搬しやすいエネルギー源が作り出される。アンデスの高地に住みついた人びとの知恵がチューニョを生み出し、チューニョが人びとのエネルギー源となって、ティワナクやインカの文明が築かれたのである。

今日でも、冬になるとアンデスの住民はチューニョ作りに励んでいる。チューニョは水に数時間つけて戻してから煮たり、蒸したり、あるいは細かく刻んでスープに入れたりして食卓に登場してくる。生のジャガイモとチューニョは味も舌触りもまったく異なるので、食卓にゆでたジャガイモとチューニョの料理が並ぶことも珍しくない。チューニョはほとんど毎日なんらかの形で料理に使われ、次のジャガイモの収穫期になる翌年の四、五月まで、大切に食べ続けられる。

2　ヨーロッパの食卓に上るまで

ジャガイモ大西洋を渡る

コロンブスの四回にわたる航海によって、新大陸からさまざまな植物や珍しい品々がヨーロッパに持ち帰られたが、ジャガイモはその中に入っていなかった。先にも述べたが、その当時、ジャガイモはペルーやボリビアの高地を中心にして、限られた地域でしか栽培されていなかった。四回の航海を通じて、コロンブスはカリブ海の島々や中南米大陸の沿岸部にしか足跡を残さなかったため、コロンブスの行動の軌跡とジャガイモの栽培地が交差する機会に恵まれなかったからである。

一五三一年、わずか一八〇余人のフランシスコ・ピサロの軍による、一瞬の隙をついた奇襲攻撃をきっかけにして、インカ帝国はあっけなく滅亡してしまった。ピサロの軍は略奪の限りをつくし、集められるだけの金銀財宝を手にして本国スペインに凱旋した。このときに、ピサロ軍に加わっていたスペイン人の手によってジャガイモがはじめて大西洋を渡り、ヨーロッパへと運ばれたとする説が有力であるが、結局のところ、誰がいつ頃ジャガイモをヨーロッパに伝えたかについては、確かな証拠は何も残っていない。

ピサロ一行のうちの誰かの気まぐれによって、持ち帰られたとされるジャガイモであったが、ピサロやコルテスたちが略奪してきた金銀財宝や、その当時ヨーロッパの食卓が求めてやまなかったスパイス類よりも、ヨーロッパの社会にとって、ジャガイモがはるかに重要なものになるとは、当時の誰もが想像しえないことであった。詳しくは後に譲るとして、ジャガイモが食卓に定着することによって、ヨーロッパの食料事情は一変することになった。絶えず忍び寄ってくる飢餓の恐怖から人びとを解放しただけではなく、ジャガイモを食生活に取り入れた国々では、短期間のうちに国力が充実していったのである。

ジャガイモの伝来については、ピサロの一行によるとする説のほかにもいくつかの説が流布《るふ》しているが、いずれにしても、一六世紀の半ばまでにはスペインに伝わって栽培されていたことは確かである。セビリアにあったラ・サングレ病院の一五七三年の会計簿には、ジャガイモを一ポンド（約四五〇グラム）単位で購入していたことが記載されている。この会計簿によれば、ポンド単位で購入していたジャガイモを、一五八四年以降はアローバ（一アローバは二五ポンド）単位で購入している（『食卓のフォークロア』）。一六世紀後半のスペインでは、ジャガイモが食料品として取り引きされていたこと、またその生産量が増えていたことも間違いないであろう。

一五八〇年代の早い時期にスペインからイタリアに伝わっており、ライデン大学の植物学教授であったクルシウスによれば、一五八八年にはオランダにも伝わっていた。一六〇〇年までにはオーストリア、ベルギー、フランス、スイス、ドイツ、ポルトガルと、ヨーロッパ大陸の中を駆け抜けるように伝わっていった。

食料としての評価は低かった

一六世紀に入った頃のスペインでは、ジャガイモはいくつかの大学や君主の庭園あるいは薬草園で栽培されるようになっており、王侯貴族の間ではその白い花が鑑賞用として高く評価されていた。後に、マリー・アントワネットが夜会の折り、ジャガイモの花を髪に飾ると、貴族の夫人や令嬢たちの間に、ジャガイモの花で髪や胸元を飾ることが流行したほどで、一八世紀の後半になっても、ジャガイモの花は鑑賞用として珍重され、高い評価を受けていた。

セビリアのラ・サングレ病院のような例はあるものの、一六世紀後半のジャガイモは食料としての評価が低く、むしろエキゾチックで珍しい鑑賞用の花として、またイモは「結核の回復や催淫《さいいん》剤としての薬効が期待される薬用植物」と評価されていた。その一方、食べ物としては、「栄養のまったくない、ブタの食べ物」とか、「味が淡白でイヌさえ食べない」とまで酷評されていた。また、ジャガイモを食べる人びとのことを「命を長らえることだけを考えている人たち」と呼んで軽蔑していた。そんなわけで、ヨーロッパに伝わってきてからも長い間、ジャガイモは貧しい人びとの食卓にさえもなかなか上れなかった。

イギリスの薬草学者だったジョン・ジェラードが『本草あるいは一般の植物誌』（1597年）に描いた世界最初のジャガイモの絵

ジャガイモは形の上でも栽培方法でも、従来からヨーロッパで栽培されていた作物に比べて、著しく異なっていたので、人びとが食べることに抵抗を覚えたとしても不思議ではない。科学的な観察眼がまだ発達していなかった時代、その時代の常識の枠からはみ出した異質な現象や事物に出会った折りに、偏見や迷信が生まれてくることに不思議はない。この時代、ジャガイモについての最大の偏見は、ジャガイモのような食べ物について、聖書には何も書かれていないという点であり、当時のヨーロッパ社会を支配していた価値観の根本は、聖書を原典とするキリスト教の教義であった。聖書に書かれていないジャガイモを食べるということは、単に食卓の上での未知への挑戦という大冒険にとどまらなかった。それは食文化の体系を打ち破ることでもあり、エデンの園の禁断の実を食べるにも等しい、罪深い行為だとさえ考えられていた。

当時もっとも恐れられていた病気の一つはハンセン病であった。ジャガイモに対する偏見の中には、ジャガイモを食べるとハンセン病にかかるのではないかという恐怖があった。当時のジャガイモは、現在のように丸くすべすべしておらず、芽の出る部分は深くくぼんでゴツゴツとしている上にいびつな形をしていた。ジャガイモを見た当時の人びとは、不格好な形のジャガイモからハンセン病の後遺症を連想したのである。また、原生種に近いジャガイモを生のままで食べて、強いアクにあたって湿疹を発症する者が絶えなかったことも、ジャガイモとハンセン病に関わる偏見を助長することになった。ジャガイモはハンセン病の原因であると認定して、食用を禁止する法律を制定する地域まで出現したほどであった。

さらに人びとの抵抗を誘ったのは、ジャガイモは地表に出てこないで、地中で肥大するという点であった。在来の作物の中にも地中で育つニンジンやカブはあったが、これらは種をまいて栽培するという点で、地上に実るムギやエンドウと同じ仲間であると考えられていた。ジャガイモは在来の植物とは異なって、種子をまくのではなく、イモ自身を地中に埋めて地中で増殖させる。このように、当時としては夢にも思いつかない方法で栽培することも、当時の人びとの目には奇異に映り、ジャガイモを食料として受け入れることに強い抵抗を感じていたのである

最初に食卓に定着したのはドイツ

現在、世界最大のジャガイモ生産国は中国であり、以下、インド、ロシア、ウクライナ、アメリカと続き、ドイツの生産量は世界で第六位にすぎない。それにもかかわらず、ジャガイモといえばドイツというのが、おおかたの日本人に共通するイメージであろう。ヨーロッパ大陸で、いち早く庶民の食卓にパンの代わりにジャガイモが上るようになったのがドイツ、正確にいうならばかつてのプロイセンであった。この国におけるジャガイモの普及に大きな貢献をしたのが、プロイセン発展の基礎を築いたフリードリッヒ大王（一七一二～八六）であった。

イギリス、フランス、オーストリア、ロシアなどの大国の間で、虚々実々の駆け引きがおこなわれ、戦乱が絶え間なく続くヨーロッパの中を生き抜いてきた国の一つがプロイセンである。ポーランドの一部とドイツの北東部を領土としていたプロイセンは、いち早くジャガイモを食卓に上らせたことによって、国力が次第に充実してゆき、一八六七年には北ドイツ連邦の盟主となり、一八七一年には国王ヴィルヘルム一世がドイツ皇帝に即位するなど、強大なドイツ建国の基礎となった国である。

フリードリッヒ二世は父王の死去の後を受けて、一七四〇年に二八歳の若さで王位に就き、偉大

な業績によって後にフリードリッヒ大王と呼ばれるようになった。フリードリッヒ二世が即位した当時は、プロイセンが主な戦場となった三〇年戦争（一六一八〜四八）の後遺症、その後に発生したペストの大流行、さらには天候不順による度重なる凶作に見舞われるなどして、プロイセン国内は荒廃のきわみに達していた。

フリードリッヒ二世は英明な君主であった。国力の増強をはかるためには、農産物の生産性を高め、さらには農業人口を増やすなど、食料の増産体制を整えることが重要であるという思想の持ち主であった。また、ジャガイモは食料として優れているだけでなく、飢饉の折りには有力な救荒作物になるであろうとも考えていた。食わず嫌いの国民にジャガイモの価値を理解させるために、公開でジャガイモの試食会を開き、試食会を取り巻く大衆の視線の中で、ジャガイモ料理を自ら率先して食べて見せるなど、ジャガイモの普及に一方ならぬ熱意を持っていた。

フリードリッヒ２世（フリードリッヒ大王）

ジャガイモの普及を促進させるためには、農民が積極的にジャガイモを栽培するように仕向けなければならない。食料の増産体制をより堅固なものにするため、フリードリッヒ二世は農民に対してジャガイモの強制栽培令を発布した。発布後は各地に軍隊を派遣して栽培状況を監視させ、違反者に対しては耳や鼻をそぎ落とすなどと脅《おど》かしながら、栽培令の徹底をはかった。この強引な施策のおかげで、多くの農民がジャガイモの栽培に手を染めるようになり、国民も食べ物としてのジャガイモの価値に目覚めていくことになった。

一八世紀半ばのプロイセンでは、冷害のためにムギ類の凶作が続いていたにもかかわらず、冷涼な気候にもよく耐えて育つジャガイモの収穫に支えられ、人口は増加し、国力もまた増強していった。大王が即位した頃には八万人であったプロイセン軍の兵力は、一三年後の一七五三年には七〇パーセントも増加して、一三万五〇〇〇人にまで膨らんでいた。

フランスでの功労者はパルマンティエ

ヨーロッパの中では、今も昔も、フランスは最大の農業国である。遅くとも一六〇〇年までにはフランスにもジャガイモは伝わっていたが、農業国であるがゆえにムギ類への執着が強く、ジャガイモの普及は遅々として進まなかった。このような状況下にあったフランスで、ジャガイモを普及させる上で大きな功績を残したのは、薬剤師であり後には衛生局の監督長官にまで昇進したアントワーヌ・パルマンティエである。

イギリスの支援を受けたプロイセン軍と、ロシア、フランス、オーストリアの連合軍との間で戦われた七年戦争（一七五六〜六三）に際して、フランス軍に従軍したパルマンティエはプロイセン軍の捕虜となって、三年間をプロイセンの収容所で過ごすことになった。収容所での食事はジャガイモが入ったスープが主体であった。スープといえば、ほとんどの日本人は汁気だけのコンソメやポタージュを思い浮かべるが、当時のスープはいわば肉と野菜のごった煮であった。ポトフやボルシチのように具が多くて汁が少ない、飲むというよりは食べるための料理であり、スープだけでも一回の食事として十分な量があった。

食事のたびに出てくるこのスープを食べているうちに、彼はジャガイモが優れた食料であることに気がついた。戦争が終わって、帰国したパルマンティエが見たのは、飢饉に苦しみながらも、百年一日の如くムギ作りにこだわり、なじみのうすいジャガイモの栽培には手を出そうとしない農民たちの姿であった。

帰国してからの彼は、ジャガイモの栽培の普及活動に全力を傾けた。彼の行動は王室の関心を呼ぶところとなり、ルイ一六世の援助を得て、パリ郊外のレ・サブロンの原野五〇エーカー（約六万一〇〇〇坪）でジャガイモの試験栽培を始めた。この試験農場を柵で囲い、「これはジャガイモといい、王侯貴族が食べるものであるから、盗んだ者は厳罰に処する」と書いた看板を立て、昼間は兵隊に見張らせておきながら、夜になると監視の兵隊を引き上げさせた。

王侯貴族の食べ物ジャガイモに興味を抱いた周辺の住民たちは、見張りのいない夜になると、こっそりとイモを盗み掘りしては、王侯貴族の味を試すようになっていった。パルマンティエの作戦は図に当たり、一八世紀の末頃までには、農民の間にジャガイモの栽培が普及するようになり、フランスの食料事情も大きく改善された。この功績に対して、ルイ一六世は「貴下が貧民のためのパンを発見したことに対して、フランスは今後当分貴下に感謝するであろう」と感謝の言葉を贈っている（『エピソード科学史　Ⅳ』）。

レ・サブロンは、その名が示す通りの砂地であったため、農業には適さない土地というのが衆目の一致するところであり、パルマンティエのジャガイモ栽培の試みは失敗するであろうと見られていた。しかし、おおかたの予想を裏切って、砂地でもジャガイモはよく実った。試験農場での収穫が終わると、パルマンティエはジャガイモ料理だけでの宴席を設けて、多数の著名人を招いた。その中には、近代化学の父とも称されるラヴォアジェや、雷が電気であることを実証したアメリカの科学者ベンジャミン・フランクリンなども入っていたという。料理の味と満足感は百の弁舌にも優って、ジャガイモの価値を実証することになり、多くの有名人をジャガイモの理解者に転向させることに成功した。このようにして、パルマンティエは上流階級と農民層の両方から、ジャガイモの普及活動を進めたのである。

アイルランドの悲劇

ジャガイモの話をする上で、ジャガイモの病気によっておこった、アイルランドでの大飢饉の話を避けるわけにはいかない。イギリスにも伝わっていたジャガイモは、徐々にアイルランドやスコットランドへも広まっていき、一七世紀の半ばになるとアイルランドにしっかりと根を下ろしていた。一八世紀に入る頃には、ジャガイモはアイルランドの人びとがエネルギー源として栽培する、唯一の作物になっていた。

完全な独立国となった一九四九年まで、アイルランドは永らくイギリスの支配下にあった。その当時、土地の大部分はイングランド在住の地主が所有して、輸出用作物の栽培や家畜の牧草地として使っていたため、ほとんどのアイルランド人は自分の土地を持つことができなかった。彼らは地主の農場で何週間かの労働を提供する代償として土地の一部を使わせてもらうか、あるいは土地を借りて自家用の食料を栽培するしかなく、絶えず食料不足に悩まされる厳しい生活を余儀なくされていた。

ジャガイモが普及すると、他国の例に漏れず、アイルランドでも食料事情は一変した。一エーカー(約四〇〇〇平方メートル)の土地があれば四万ポンド(約一八トン)のジャガイモを収穫でき、一家一〇人の大家族であっても、食料不足に見舞われることはなくなった。一八世紀末のアイルランドでは、ジャガイモへの依存度はきわめて高くなっていた。食料が十分に供給されるようになれば、当然のことながらアイルランドでも人口が増えてくる。一七五四年には三二〇万人であった人口は、一八四五年には八二〇万人となり、わずか九〇年の間に人口は二倍半に増加していた。

ジャガイモの病気がヨーロッパ各地で発生しはじめたのは、一八四五年のことであった。病気にかかったジャガイモの葉は一晩で黒くなって、やがて枯れてしまう。掘り起こしてみれば、イモはほとんど腐ってしまっている。不幸なことに、アイルランドでは一八四九年まで、五年間もこの病気が猛威をふるい続けた。二〇〇年近くもの間、ジャガイモの収穫だけを頼りに生活していた貧しい農民たちは、生き延びることさえ難しい状況に追い込まれていった。病気が終息して飢饉が終わるまでに、飢えが原因で死亡した人の数は一五〇万人に達し、ほぼ同数の人が故郷を捨てて新大陸へ移住したといわれている。

アイルランドからの移民たちの多くが向かったのは、イギリスの植民地で後にアメリカ合衆国となる土地であった。このときの移民の子孫の中からアメリカの大統領が何人か誕生している。最近では三五代のケネディ大統領、四〇代のレーガン大統領、四二代のクリントン大統領らがアイルランド系として知られており、アイルランドの悲劇は後世の政治や経済にも大きく関わってきている。

熱帯のパナマ地峡の高温多湿な気候はジャガイモの栽培にはまったく適さないため、アンデス高地が原産のジャガイモが直接北米大陸には伝わることはなかった。種イモを持って北米各地に移住してきたアイルランド人たちは、定住先に落ち着くと食べ慣れたジャガイモの栽培を始めた。アイルランドからの移住者がやってくる以前にも、ヨーロッパからジャガイモは持ち込まれていたが、栽培をアメリカ合衆国の全土に広げたのは、このアイルランドからの移住者たちであった。アンデスの山中を出たジャガイモは、ヨーロッパを経由して、逆輸入の形で北米大陸に根づき、やがてアイダホを中心とするジャガイモの大産地が誕生することになるのである。

3　ジャガイモによって向上したヨーロッパの国力

画期的に増えたエネルギー供給量

アンデスの高地が原産のジャガイモは、ヨーロッパの冷涼な気候風土に適した作物であるため、ひとたび食料としての価値が認められると、作付面積は急速に拡大していった。ジャガイモが食卓に上ったことによって、ヨーロッパの社会はいろいろな面で、計り知れないほどの恩恵を受けることになった。人びとの活動を支えるエネルギー源はもはやムギ類だけではなくなった。ジャガイモの生産が軌道に乗ってくると、全人口を養ってもなお余りある食料が手に入るようになり、ムギ類だけに頼っていた時代には、常につきまとわれていた飢餓への恐怖から解放されるようになったのは先に述べた。

さらに、人びとが食べてもなお余るジャガイモやムギ類は飼料として使われるようになり、ヨーロッパにおける家畜の飼育事情は一変し、一年間を通じて常に新鮮な肉を食卓に供給できるようになった。この二点こそが、ジャガイモがヨーロッパ社会にもたらした最大の恩恵であり、ジャガイモによってヨーロッパ社会は生まれ変わったといってもよいであろう。

ジャガイモの生産量の多いロシア、ポーランド、それにドイツ、つまりヨーロッパの北側に位置する国々でも、決してジャガイモが白いパンに優る食料であるとして満足しているわけではない。

もちろんコムギを増産して白いパンを食べたいのだが、残念なことに、寒冷な気候であったり土壌の質が悪かったりして、期待に応えるだけのコムギを栽培する耕地がない。背に腹は代えられない、食料を確保するために、土質が悪くても、また寒冷地でも育つジャガイモを栽培しているのである。

農作物の中でもっとも北で栽培されているのが、ジャガイモである。北緯七〇度よりさらに北にある、ノルウェー最北の地ノールカップ岬周辺でもジャガイモの畑を見ることができるという。宗谷海峡をはさんで北海道の北に位置するサハリン、その最北端でさえ北緯五五度前後であることからしても、ジャガイモがいかに寒冷地での栽培に耐える作物であるかがわかる。地味が痩せているために、畑として利用されることのなかった土地や、あるいは牧草地としてさえも活用されなかった土地でも、ジャガイモの栽培は可能なのである。

エネルギー収量はムギの四倍

ジャガイモは種イモを植えてから三ヶ月もすれば収穫できるようになるし、収穫量も非常に多いという特性を備えている。一八、一九世紀の農業技術の水準の下であっても、同じ面積の畑から収穫できるジャガイモのエネルギー量は、ムギ類と比較してはるかに優れていることを示す証拠がある。

スウェーデンの王立アカデミーのシャルル・スキテスは、蒸留酒を作るのに、ヨーロッパの北部では貴重な食料であったオオムギを原料とするのではなく、ふんだんにあるジャガイモを原料として使うことを研究していた。一七四七年、彼は次のような研究成果を発表している。

一エーカー（一エーカーは約四〇〇〇平方メートル）の土地でもっとも悪い品種をもっとも悪い条件でつくったジャガイモでも、同じ広さの畑で、もっともよい条件でつくった大麦より、アルコールの収量がはるかに多く、その比率は前者の五六六に対し後者は一五六だと発表した。

（『食卓のフォークロア』）

アルコールは原料中の炭水化物を発酵させて作るので、アルコールの収量の比率は、原材料に含まれている炭水化物の量の比率と一致すると考えてよい。アルコール収量の比率五六六対一五六を単純化すると三・六対一になる。つまり最悪の条件下でジャガイモを栽培しても、同じ面積の畑で最良の条件下で栽培するオオムギの三・六倍以上の炭水化物が収穫できることを、科学的に明らかにしたのである。

この実験例からも明らかなように、同じ面積の畑から得られるエネルギー量で比較するなら、ジャガイモはムギ類よりはるかに収量が多くて、少なくともムギ類の四倍以上あったことは確かである。ジャガイモが食卓に上る以前の一三世紀、当時としては比較的豊かであったパリ北方の農村であっても、毎年四人に一人は餓死していたという報告があるように、ジャガイモが食卓に定着する以前は、絶えず飢えの恐怖にさらされていた農民にとって、ジャガイモは頼りがいがあり、命の綱ともいうべき作物であった。

恐ろしい壊血病の予防効果

ジャガイモは単にムギ類に代わってエネルギーを供給するだけの食料ではなく、人びとの健康を維持する上でも優れた性質を備えている。文部科学省が編集した『日本食品標準成分表二〇一〇』によれば、ジャガイモ一〇〇グラム中には三五ミリグラム（一ミリグラムは一〇〇〇分の一グラム）のビタミンCが含まれている。この価は、柑橘《かんきつ》類やイチゴに含まれるビタミンCの量に比べれば少ないものの、日頃口にする機会の多いリンゴ、ブドウ、ナシ、モモなどに比べるとはるかに多い。

野菜や果物に含まれているビタミンCは、熱に対して弱いことは常識であるが、ジャガイモに含まれているビタミンCは熱に対して比較的安定していて、加熱調理をしても失われるビタミンCは少ない。ジャガイモのビタミンCが加熱に対して安定しているのは、熱によってアルファ化したデンプンが糊《のり》状となり、ビタミンCが水の中に溶け出すのを防いでいるからと考えられている。前出の『日本食品標準成分表二〇一〇』によれば、水煮したジャガイモには、生のときの六〇パーセントのビタミンCが残っている。

熱に対して安定なビタミンCを含んでいるジャガイモは、フランス語ではポンム・ド・テール（pomme de terre）であり、ドイツ語ではカルトッフェル（Kartoffel）、時にはエルトアプフェル（Erdapfel）とも呼ばれる。ポンム・ド・テール、エルトアプフェルともに、奇しくも「地中のリンゴ」という意味である。ジャガイモがヨーロッパの食卓に上るようになった頃、ビタミンCの存在はまだ知られていなかったが、リンゴには人の健康を維持する何かが含まれているということが常識になっていて、ビタミンCを含んだジャガイモを「地中のリンゴ」と呼ぶようになったのであろう。

人間の場合、ビタミンCが欠乏すると、死に至る病である壊血病にかかることは衆知の通りである。森も畑も見渡す限り雪に覆われてしまい、新鮮な野菜や果物が不足するヨーロッパ中部から北部にかけての冬、ジャガイモは人びとを恐ろしい壊血病から守り、健康を維持してくれる大切な食料でもあった。幸いなことに、ジャガイモを保存しておいてもビタミンCはあまり減少しない。ジャガイモは単にムギ類に代わるエネルギー源としてだけではなく、人びとを壊血病から守ってくれる点でも、ヨーロッパでは欠かすことのできない重要な食料となったのである。

地下で育つジャガイモの利点

ジャガイモが食卓に定着する以前、エネルギー源をムギ類だけに頼って生活をしていたヨーロッパでは、人びとは常に食料不足の影におびえていた。一国の支配者にとっては、国民の飢えを解消することは常に重要な政治課題であり、そのためには食料の供給量を増やすことが急務であった。食料をより多く確保するための一つの手段は、領土を拡大することである。大義名分を整えた上での領土の奪い合い、つまり戦争や小競り合いが頻繁に繰り返されていたのが、ジャガイモが食卓に定着する前後の時代であった。

ひとたび戦争の場に巻き込まれると、丹精をこめたムギ畑は無残にも踏み荒らされてしまう。育っている最中の作物を足で踏みにじってしまえば、その年の収穫はまったく期待できない。収穫期になってから戦乱に巻き込まれると、刈り取っておいたムギは火をつけて焼かれてしまったり、あるいは侵略者に持ち去られてしまう。戦争に巻き込まれたムギ畑からは、一粒の収穫も期待できないのが通常である。

地中で増殖するジャガイモの場合は、地上で実りをもたらすムギ類とは若干事情が違っている。ジャガイモ畑の上での戦闘によって畑が踏み荒らされたとしても、相手が長い時間をかけて根こそぎイモを掘り起こさない限り、何がしかのイモは地中に残っている。ジャガイモを栽培していれば、不運にも戦乱に巻き込まれたとしても、ムギ類の場合のように収穫がゼロになってしまう可能性はきわめて低く、戦争による被害は明らかに少なくてすむ。戦争が続いたこの時期、先に紹介したフリードリッヒ大王のように、ジャガイモのこの特性に着目した国王や領主たちは、農民に対してジャガイモの栽培を強く奨励するようになっていた。

ジャガイモが地下で増殖することの利点はもう一つあった。食用部分が地下にあるため、強風や霜《しも》、雹《ひょう》などの苛酷な気象条件に見舞われても、戦乱に巻き込まれた場合と同様、被害の程度が軽くすむという点である。ムギやブドウなどのように地上で実る作物の場合には、大きな被害が確実というような天候不順の際でも、地下に実るジャガイモへの影響は少なくてすみ、地上の作物とは違ってある程度の収穫は保証される。戦争などの人為的な異変や、自然界に起こる異常気象に際しても、地上に実を結ぶ作物に比べれば、ジャガイモはより多くの収穫を保証してくれる、農民にとっては頼りがいのある作物であった。

ヨーロッパの食卓に定着したジャガイモ

遅くとも一九世紀の中頃までには、ジャガイモの栽培はヨーロッパ全土に普及しており、食卓にジャガイモが上ることは当たり前となり、貧しい人たちが飢えに悩まされることも解消されていた。ジャガイモが飢饉の際の救荒食品から、パンと並ぶ主要なエネルギー源の一つに位置づけられ、ドイツやフランスをはじめとするヨーロッパ各国で、ジャガイモをおいしく食べるための料理が考え出されるようになった。また、ジャガイモが食材の一つとして加わったことによって、料理のレパートリーも広がっていった。つい三〇〇年足らずの昔に、やっとヨーロッパの食卓で認知されたジャガイモであるが、今では世界中で基本的な食材の一つとして扱われるまでになっている。

日本人からジャガイモの本家と目されているドイツでは、ライムギで作った黒パンか、丸ごと焼いたり蒸したりしたジャガイモが常に食卓に上っている。このほかにも、拍子木切り、細い千切り、スライス、あるいはおろしたりと形は多様で、煮たり、揚げたり、炒めたり、焼いたりとさまざまに調理されている。

フランス人に家庭での夕食がどのようなものかを尋ねると、一〇人のうち八人までは「(一人分二〇〇グラムくらいの）ビーフステーキに、フライド・ポテト」との答えが返ってくるという。前菜としてのサラダ、主菜としてのステーキにフライド・ポテト、締めくくりにはチーズ、それに飲み物のワイン、この組み合わせはフランスの家庭における典型的な夕食のメニューであり、国民的な夕食といってもよいであろう。

ジャガイモの歴史が新しいアメリカは、現在では世界の穀倉であり、世界一のコムギの輸出量を誇っている。輸出するほどコムギがあるにもかかわらず、ジャガイモはここでも食事の中で大切な役割を担っている。レストランで肉料理を注文すれば、まず間違いなく付け合わせの一品としてジャガイモが出てくる。店によってはフレンチ・フライやマッシュ・ポテトに代わることはあるが、アルミホイルに包まれてホクホクに焼き上がった大きなベイクド・ポテトが添えられていることが多い。

ジャガイモを食べるのは三度の食事のときだけではない。スライスしたジャガイモをタマネギとベーコンと一緒に炒めたジャーマン・ポテトは、ビアホールでのつまみとして日本人にはなじみの深い一品である。拍子木に切ったジャガイモを揚げて塩味をつけただけのフレンチ・フライは文字通りフランス生まれであるが、フライド・ポテトとも呼ばれて、今では知らない人はいないくらいに知名度が高く、世界中のファースト・フードの店で売られている。イギリスではフィッシュ・アンド・チップスが手軽な軽食として都会生活者の間に定着している。タラなどの白身の魚に衣をつけた揚げ物とフライド・ポテトを、三角に折りたたんだ新聞紙に包んでもらい、塩やビネガーをかけて街頭でつまんで食べている人びとの姿はいかにもイギリスらしい風景の一つである。紙のように薄く切ったジャガイモを油で揚げて、かすかに塩味をつけたポテト・チップスはアメリカ生まれのスナックで、今では世界中どこへ行っても見かける一品である。

臭くてまずかった塩漬肉からの解放

ジャガイモが食卓に定着する以前、中世ヨーロッパの肉食事情はきわめて貧弱であった。ウマは交通のための大切な家畜であり、また、ひとたび戦争が始まれば戦力として欠かすことのできない動物であり、ウマを殺してその肉を食べることは考えられなかった。ウシの労働力なしでは広い畑を犂《すき》で耕すことはできないし、貴重なタンパク質源となる牛乳を提供してくれる家畜である。老廃牛を別にすれば、ウシを食用にすることも考えられなかった。インドが原産の綿花もまだ伝わっていなかった時代、羊毛は麻と並んで衣料品の大切な素材であり、ヒツジもまた食用にすることのできない大切な家畜である。はじめから食肉用と決めて飼育する大型の家畜、つまりいつ食用にしても日常生活に支障をきたさない大型の動物はブタしかいなかった。幸いというべきか、すべての家畜の中で、餌を肉に変える効率はブタがもっとも優れており、肉を提供するという視点からは、ブタはもっともすぐれた家畜なのである。

春に生まれた子ブタは、特に餌に気を配らなくても、家の周囲で勝手に餌をあさりながら育つが、中世ヨーロッパの農村は、ブタにとって決して餌が十分にある環境ではなかった。中世の絵画に描かれているブタは、いずれも太っていないというよりは、むしろ痩せぎみである。秋になると、農家の子どもたちは一本の棒を手にブタを引率して、村を取り囲んでいるカシの森へ連れて行く。棒でドングリをたたき落として、ブタに食べさせることが家族の一員として大切な役割であった。ドングリは「ブタのパン」といわれていたほどで、腹一杯にドングリを食べている間に、ブタは丸々と太ってくる。

餌として牧草や干草を与えればよいウシやヒツジと違って、雑食性のブタの場合、餌は人間の食料と競合する部分が多い。農民自身の越冬用の食料を確保することがやっとの状況下では、すべてのブタを越冬させるだけの餌を備蓄することはきわめて困難であった。秋の終わりになると、翌年の繁殖用の種ブタだけを残して、ドングリを食べて太らせたブタを一斉に殺してしまい、塩漬けにした肉を翌年の秋まで食べ続けるのがこの当時の基本的な食生活であった。

中世ヨーロッパにおけるブタの飼育の様子。ドングリをたたき落として、ブタに食べさせている

冷凍はもとより冷蔵技術もなかった時代、肉を保存するためには干し肉にするか、燻

でいぶして燻製《くんせい》肉にするか、あるいは塩漬けにして保存するしかなかった。中世ヨーロッパでは、ブタ肉の保存法の主流は塩漬けにして貯蔵することであった。これはローマ時代から農村に伝わっている方法で、小さく切ったブタ肉の両面に塩をすり込んで樽の中に並べ、肉の層の間に塩を振って漬け込むものであった。

塩漬肉のまずさはひどいものであったという。塩漬肉はムギ粥やスープに入れて煮込んでから食べるのであるが、煮込んだからといって塩味や臭いが簡単に抜けるわけではない。とはいえ、長い冬の間、新鮮な肉を手に入れることは、先にも述べた通り不可能であった。タンパク質を摂取するためには、鼻をつまんで我慢しながら、臭くて塩辛い上にまずい塩漬肉を食べ続けなければならなかった。

ジャガイモの栽培が広まるにつれて、余ったジャガイモをブタの餌として利用するようになった。また、ジャガイモの食料としての価値が高まるほど、白いパンを作るためのコムギ以外のムギ類は食卓から遠ざかっていった。ビールやウイスキーの原料となる麦芽を作るためのオオムギや、黒パン作りに使うライ麦など、一部の用途を除けば、コムギ以外のムギもまた家畜の餌として使われるようになった。

一九世紀も半ばまでには、ふんだんにある餌のおかげで、冬の間でも食肉用にウシやブタを飼っておける環境が整い、季節を問わず必要に応じて家畜を食用にまわすことが可能になり、いつでも新鮮な肉を食べられるようになっていた。ヨーロッパの食卓をまずくて臭い塩漬肉から解放したのは、ヨーロッパが求め続けてきたスパイスではなく、伝来当時には「栄養のまったくない、ブタの食べ物」とさげすまれ、食料としては見向きもされなかったジャガイモだったのである。

本格的な肉食社会の出現

カシの実に頼ってブタを飼っていた頃は、一軒の農家が秋の終わりに食用にまわすブタは平均して三頭であったというが、家畜の餌の量が飛躍的に増えたことによって、飼育できる食肉用の家畜の数も大幅に増えることになった。この時代を迎えるまでは、成体になるまで時間がかかるウシを食肉用に飼うことなど考えられもしなかったが、ジャガイモの導入によって飼料が豊富になってくると、農民までもが肉を目的に、ブタだけではなくウシを飼うようになり、庶民の食卓には豚肉はもとより牛肉も上るようになった。

飼料事情が好転したことによって家畜の飼育頭数は増え、肉の消費量が急増することになった。一九世紀後半のヨーロッパにおける一人当りの肉の消費量は、二〇世紀半ば頃とほぼ同じ消費水準に達しており、ヨーロッパに本格的な肉食の社会が到来したのである。ともすれば不足しがちだったエネルギーはジャガイモによって完全に充足され、年間を通じて新鮮なタンパク質が十分に供給されるようになれば、国民の体位は向上し、人口は増え、国力は自ずと高まってくる。近世になってから、ヨーロッパ文明が世界に覇を唱えるようになった背景には、まさにジャガイモの存在があったといえよう。

第二章

車社会を支えるゴム

1　メソポタミア生まれの車輪の進化

社会生活には欠かせないタイヤ

一昔前まで、話題が社会福祉に及ぶと、「ゆりかごから墓場まで」という言葉がよく使われていたが、現代では「ベビーカーから霊柩車まで」、人の一生を通して車輪のない生活は考えられない。車社会が今日のように発達しているのも、ゴムという独特の性質を持つ物質で空気入りのタイヤが作られ、振動が少なく滑らかに走る車が実用化されたからである。空気入りのタイヤをつけた車の歴史はわずか一〇〇年余と短いが、その出現は車社会を発展させて今日に至り、人びとの生活様式を大きく変化させることになった。

ちょっと外出しようとすれば、最寄りの駅までは自転車かバスで行き、電車に乗り換えて目的地へということになる。行く先が海外や、国内でも東京や大阪から九州や北海道のように遠隔地へ行く場合には、飛行機を利用することもあるが、その飛行機にしてもタイヤつきの車輪なしでは離着陸ができない。休日に家族そろって行楽地に出かける際には、途中で若干の渋滞は覚悟の上で、マイカーでという家族も少なくない。修学旅行や旅行会社が主催するツアーなどでは、移動手段のほとんどをバスに頼っていることも多い。非常時には、電話一本すれば、救急車、パトカー、消防車がサイレンを鳴らして駆けつけ、人びとの生命や安全、財産を守ってくれる。

春先になると田や畑では田植機や耕運機が活躍し、秋には刈取りと脱穀を一緒にしてくれるコンバインが農作業の主役となって活躍する。収穫された農作物は車で地元の農協に運び込まれ、トラックや貨物列車に積み込まれて消費地へと送り出される。都市の市場では、集まった農産物や水産物はフォークリフトを使って仕分けされ、せり落とされた商品は小型トラックに積み込まれて小売店へと運ばれる。自動車や鉄道などの車両を使った大量輸送と分配のシステムが整備されていないと、現代の都会の生活は成り立たない。

昔の土木工事の現場といえば典型的な人海戦術の場であり、ツルハシで土を掘り起こし、スコップで土をすくい、残土をモッコに入れて人の肩で担ぎ出していた。現代の工事現場ではショベルカーが深く土を掘り、ブルドーザーは掘り起こした土を片隅に押しやり、ダンプカーは残土を積んで捨て場へと走る。その後にはトラックが建築資材を持ち込み、コンクリート・ミキサー車が生コンを運んでくる。現代の建築現場では、人は車両やクレーンなどの運転操作をするだけで、鉄筋や鉄骨を組むなどのごく一部の作業を除けば、額に汗をする仕事は車をはじめとする機械が代行してくれる。車や建設機械の活躍なしでは、都会の高層ビルはもとより、個人の住宅を建てることさえ容易ではない。

知らず知らずのうちに、家庭の中にも数多くの車輪が入ってきている。ガラス戸や網戸などレールの上を滑る引き戸には必ず車輪がついている。最近ではふすまに車輪がついていることも珍しくない。台所のワゴン車には車輪がついていて、料理を食卓に運ぶ折りに重宝する。ピアノのように重量のある家具には、キャスターと呼ばれる小さな車輪が取りつけられている。小さな子どもがいる家庭では、庭先には三輪車が放り出されているだろうし、室内にはおもちゃの電車や自動車が転がっている。子どもがもっと幼ければ車つきの歩行器で室内を歩きまわっているかもしれない。改めて数えあげてみると、家庭の中にある車輪の数は意外と多いことに驚かされる。

現代では、人びとは生まれたときから車輪に取り囲まれており、車輪の助けを借りて生活しているのが実情である。しかも鉄道を除くと、ほとんどの車輪にはゴムのタイヤが取りつけられている。つまりゴムのタイヤを取りつけた車輪が現代の社会を支えてくれているのである。もはや車輪のない生活、たとえば「市中では大八車《だいはちぐるま》以外の車の使用は禁止されていた江戸の街での生活」に戻ることは不可能である。

メソポタミアで生まれた車輪

文明が発達すれば自然に車輪が誕生してくると考えがちであるが、歴史に照らして、それは誤りである。コロンブスが訪れるまで、ヨーロッパ文明との交流がまったくなかったマヤ文明、アステカ文明さらにはインカ文明など、新大陸で生まれた文明の中に車輪の姿は見えない。四大文明の中でも、車輪はメソポタミア文明の中でだけ誕生し、その後エジプト文明やインド文明、黄河文明へ伝わっていった。四大文明のうちの三つの文明においてさえも、車輪はそれぞれの文明の中で誕生したのではなく、外部から伝わってきたものであった。

紀元前一七〇〇年頃、ヒクソス人と呼ばれるアジア系の民族が、馬に曳《ひ》かせた戦車を率いてエジプトに攻め込んできた。エジプトにもメソポタミアと同じように古くから文明が栄えていたが、ウマは伝わってきていなかったし、車輪も存在していなかった。歩兵部隊で戦車に立ち向かうしか術《すべ》のなかったエジプト軍は、今まで見たこともない馬が曳く戦車部隊に蹴散《けち》らされて惨敗を喫し、それ以降の約一〇〇年間、エジプトはヒクソス人によって支配されることになった。

古くから、チグリス川とユーフラテス川沿いにメソポタミア文明が栄えており、紀元前三〇〇〇年紀頃には、現在のイラクの地に住んでいたシュメール人が築いた文明が全盛期を迎えていた。その当時の神殿に仕えていた書記が残した記録の中に、車を表す絵文字が残っている。この絵文字が車の存在を示すもっとも古い記録である。

実物がないのに絵文字だけが存在するはずはない。実物があってはじめて絵文字が生まれるのであるから、実際に車輪が使われはじめたのは、書記の記録よりさらに昔にさかのぼることは明らかである。はっきりとした証拠は残っていないが、重量物を運搬するために使った丸太のコロ（重い物を動かすとき、下に敷いて転がすのに用いる堅くて丸い棒のこと）から車輪の歴史は始まったと考えられている。車の絵文字が残された時代を迎えるまでには、車輪はだいぶ進化を遂げていたはずである。メソポタミア遺跡の出土品から、この時代の車輪は木製で、直径は五〇センチくらいであったと推定されている。車輪といっても、三枚の板を横木でつなぎ合わせてから丸く切り出し、その中心に心棒を通しただけのものであった。この木製の車輪をそのまま使用すれば、たちまち磨耗し

車輪の歴史的な変遷。左より初期の頃の板状の車輪、馬で引く戦車のスポークつき車輪、現在の車輪

て使い物にならなくなってしまう。車輪を長持ちさせるために、動物の皮や木の板を車輪の外周部に打ちつけて使用し、それらが磨耗してくれば取り替えていた。つまりメソポタミア文明が生み出した木製の車輪には、動物の皮や木の板のタイヤが装着されていたのである。

当然のことながら、この時代には舗装された道路などあるはずもなく、雨が降ればたちまち泥んこ道になってしまう。ぬかるんだ道路や砂地などでは車輪が地面にめり込んで、車は立ち往生してしまう。そのような木製車輪の欠点を解消するために、紀元前二〇〇〇年紀くらいになると、何本かの木をつなぎ合わせて車輪の外周部を作り、それを四本から八本の木製のスポークで支えることによって、車輪の軽量化が図られた。新しい車輪は板製の車輪よりも軽いので悪路にも強く、またスピードも出るようになった。エジプト侵攻の際にヒクソス人が使った戦車にはスポーク式の車輪が採用されていた。

車輪の質を高めたケルト人

車輪が急速に発達したのはローマ時代であった。「すべての道はローマへ通じる」という言葉が示す通り、ローマ帝国内には幹線だけでも、八万五〇〇〇キロメートルに達する石畳の舗装道路が敷設されていた。八万五〇〇〇キロメートルという距離は地球を二周してまだ余るほどの長さである。ローマ帝国の幹線道路の規模を、現代の自動車王国であるアメリカ合衆国のハイウエーと比較してみよう。ハイウエーの総延長距離は八万八〇〇〇キロメートルで、単純に距離だけを比べればローマ帝国の幹線道路と似たりよったりである。ローマ帝国が最大に膨張したときの国土面積が七二〇万平方キロメートルであったのに対し、アメリカのそれは九三六万平方キロメートルである。国土面積はアメリカの約四分の三しかなかったのに、ローマ帝国の幹線道路は、自動車王国アメリカのハイウエーとほぼ同じ総延長距離だったのである。しかも、八万五〇〇〇キロメートルは幹線道路だけの数字であって、支線の道路を含めると総延長は二九万キロメートルに達していたという。

道路の整備が進むと、当然のことながら、人を乗せる馬車はもとより、荷馬車や戦車も発達してくる。交通量が増えるにつれて、動物の皮や木のタイヤを装着していた車輪の寿命を延ばすためにさまざまな工夫がなされた。

今から二〇〇〇年ほど前、現在のドイツ南部からルーマニアにかけての地域から、フランスやイタリアからイギリスの一帯へかけてケルト人が移動してきた。ローマ人からは野蛮人と見下されていたケルト人であったが、車輪の発展に大きな貢献をしたのが彼らであった。

ケルト人は木で作った車輪の寿命を延ばすために、動物の皮や木のタイヤの代わりに鉄のタイヤを取りつける方法を発明した。まず、車輪と同じ幅の鉄板の帯を用意して、木の車輪より直径がほんのわずかだけ小さい輪を作る。この輪を加熱すると熱膨張によって、鉄板の輪の直径は車輪より若干大きくなる。熱い鉄板の輪の中に木の車輪を置いてから水をかけて冷やすと、鉄板の輪は収縮して元の大きさに戻り、木の車輪を強く締めつけることになる。車輪は締めつけられたことによって、より頑丈になるとともに、鉄板の輪が車輪からはずれることもなくなる。この鉄のタイヤを取りつけた車輪の寿命は、従来の動物の皮や木材のタイヤをつけた車輪よりはるかに長くなった。

車輪に鉄のタイヤをつけた馬車が石畳で舗装された幹線道路を走ると、街中にガタガタと大きな騒音を撒き散らした。それだけではなく、パンクした自転車ででこぼこ道を走るのと同様に、馬車自体のサスペンションが十分ではなかった時代、激しい振動が乗っている人の体に直接伝わるため、当時の馬車は乗り心地がよい乗り物ではなかった。空気入りのゴムタイヤが発明され、実用化が進んだ一九世紀末まで、このような鉄タイヤ車をはめた車輪がヨーロッパでは使われていたのである。

当時の馬車には二輪のものと四輪のものがあった。二輪の馬車は小回りがきくけれども安定性はよくない。一方、四輪の馬車は安定性はよいものの、前後の車軸はもとより車輪も固定されていたので、日本のお祭りの際に巡行する山車《だし》と同じで、左右へ曲がることは容易ではない。ケルト人は前輪に車軸ごと向きを変えられるような発明もして、容易に四輪馬車のかじ取りができる工夫もしていたのである。

自転車の発達とゴム製のタイヤ

自転車の発明者については諸説があるが、実用的な自転車を発明したのはドイツ人のカール・ドライス男爵とされている。一八一七年に、木の棒の両端に車輪を一つずつ取りつけ、地面を足で蹴って進むとともに、先端に取りつけたハンドルでかじ取りができる二輪車を作ったのである。この年の七月にはマンハイム〜キール間の五〇キロメートルを四時間で走ったという記録が残されている。車輪もボディも木製の自転車であったが、馬車なみのスピードで走った計算になる。

一八六〇年頃になると、子どもの三輪車のように、前輪の中心にペダルを取りつけ、足でペダルをこいで進む自転車が現れ、地面を足で蹴らなくても前へ進めるようになった。このタイプの自転車では、ペダルをこいで一回転させると前輪も一回転して、前輪の円周の長さ分だけ進むことになる。スピードを出すためには前輪を大きくすればよいわけで、前輪はだんだんと大きくなっていき、前輪の直径が二メートルもあるのに、後輪の直径は五〇センチメートルくらいしかない自転車も現れた。この自転車に乗るとき、人は前輪の上にまたがってペダルをこぐことになり、当然のことながら重心が高く

世界最初の自転車、ドライジーネ。サドルにまたがり自分の足で地面を蹴って走行する

なって、非常に不安定な乗り物であった。その上、この自転車にはブレーキがついてなかったので、急停車することができず、かなり危険であった。

直径が二メートルもある大きな車輪を木材だけで作ろうとすると、軽くて丈夫な車輪は作りようもない。重たい木の車輪に代わって、鉄の帯で車輪の外周部を作り、スポークには丈夫な細い鉄棒を使った車輪が考え出された。一八七〇年頃になると、この鉄製の車輪にゴムのタイヤが取りつけられるようになった。ゴムタイヤといっても、その当時のタイヤはソリッドタイヤと呼ばれるもので、子どもの三輪車のタイヤと同じように、タイヤの中心部までゴムでできていて、走行時の騒音こそ少なくなったものの、乗り心地はあまり改善されていなかった。

一八八〇年頃になると、自転車にも歯車とチェーンが使われるようになった。歯車の組み合わせを変えれば、ペダルを一回転させることによって車輪を何回転でもさせられるので、スピードを出すために車輪を大きくする必要がなくなった。歯車とチェーンを使った自転車が普及するにつれて、重心が高く不安定で、常に転倒の危険性をはらんでいた前輪の大きな自転車は姿を消すことになった。

獣医師のジョン・ボイド・ダンロップが空気入りタイヤの特許を取得したのが一八八八年のことである。その経緯については後に詳しく述べるが、空気入りタイヤの登場によって、運転者に伝わる振動は大幅に軽減され、自転車の乗り心地は著しく改善された。その上、従来のソリッドタイヤに比べると、車輪が転がるときの抵抗も大幅に少なくなり、悪路でも楽に走行できるようになった。

一九世紀の末になってやっと、空気入りタイヤの素晴らしさを享受できるようになったのである。

長く続いたケルト人の鉄のタイヤから解放され、乗り心地のよい空気入りのタイヤを使えるようになってから、まだ一〇〇年余しか経っていない。空気入りタイヤは、ちょうどこの頃に誕生したばかりの自動車にも使われるようになり、その特性が自動車の普及に大きく貢献することになった。二〇世紀に入って、「栽培植物が文明社会に与えた最大のインパクト」は、空気入りタイヤの登場にともなう車社会の出現をおいてほかにないとされている。新大陸が原産のゴムの木（植物名はゴムノキ）は、タイヤという形になって現代社会の根幹を支えているのである。

2　扱いにくい生ゴムからタイヤへ

生ゴムの特性が実用化の壁に

一四九三年にコロンブスが新大陸へ向けて二回目の航海に出かけるまで、ヨーロッパの社会はゴムの存在を知るよしもなかった。この航海でイスパニョーラ島（現在はハイチ共和国とドミニカ共和国がある）に立ち寄ったとき、コロンブスは子どもたちが黒くて重たいボールを使って遊んでいるのを見かけた。このボールは軟らかく、地面にたたきつければ頭より高く弾んだ。それを見たコロンブスが「まるで生き物のようだと驚いた」と伝えられている。これが、ヨーロッパ人とゴムとの最初の出会いであった。コロンブスはゴムのボールをヨーロッパへ持ち帰ったものの、ゴムの奇妙な性質をどのように利用したらよいのか、当時のヨーロッパでは、誰一人として知恵が浮かばなかった。

新大陸の先住民たちは、ゴムをボール遊びに使っていただけではなかった。彼らはゴムの木から採取したばかりの白い樹液を手や足に塗って、火にかざして乾かすことを何回か繰り返し、薄い皮のように固めたゴムの手袋や靴も作っていた。ほかにも、水漏れのない水筒やコップ類を作ったり、さらには布地に樹液を塗りつけてゴム引きの防水布を作って雨よけに使うなど、日常生活の中で巧みにゴムを利用していた。

ゴムの木から採れる白い樹液は、後にラテックスと呼ばれるようになる。ラテックスを乾かして固めたものが生ゴムであり、先住民が作っていたゴム製品はすべて生ゴム製品であった。ラテックスは火で乾かさなくても、放置しておくだけで自然に固まって生ゴムになってしまい、元の液状に戻すことはできない。新大陸から生ゴムが伝わってきたものの、このラテックスのやっかいな性質が、ゴムの実用化を考える上で決定的なネックになっていた。木から採取したばかりのラテックスをヨーロッパへ送り出しても、ヨーロッパの港に着くまでには固まって生ゴムになってしまうので、ヨーロッパで生ゴム製品を作ることは不可能であった。当時、生ゴム製品を作ることができたのは、ラテックスを採取できる中央アメリカと南アメリカの先住民だけに限られていたのである。

ラテックスが固まってできた生ゴムは、温度が高くなると軟らかくなってベトベトしてくるし、反対に寒くなると硬くなってゴム特有の弾力がなくなり、ついにはひびが入ってしまう。気温によって物性が著しく変化する点もまた、生ゴムを利用する上でやっかいな性質であった。生ゴムはヨーロッパに輸入されてはいたが、一八世紀の末になっても実用化のめどはまったくたたず、商業的な価値を認める者はいなかった。

生ゴムの実用化を可能にした技術

鉛筆が世に現れたのは一六世紀であったが、鉛筆で書いた文字を消すために、長い間パンが使われていた。一七七〇年、酸素やアンモニアを発見したことで有名なイギリスの化学者ジョゼフ・プリーストリーは、鉛筆で書いた文字の上を生ゴムの塊《かたまり》でこすると、文字がきれいに消えることに気がついた。彼は生ゴムが「紙から黒い鉛筆の書きあとをふき消す目的にたいへんよく適しており」、一辺が一インチ（約二・五センチメートル）の立方体で「ねだんは三シリング（二〇シリングで一ポンド）するが数年間もつだろう」と述べている（『エピソード科学史 Ⅳ』）。ヨーロッパで最初に実用化されたゴム製品として、一七七二年、角砂糖大の消しゴムがイギリスで売り出された。便利さが認められた消しゴムはイギリスからフランスへ、さらに全ヨーロッパへと急速に広まっていった。生ゴムの用途の中でも、最初に消しゴムとしての使い方がイギリスで普及したため、生ゴムはラバー（rubber＝こするもの）と呼ばれるようになったのである。

一八世紀の後半になると、生ゴムはエーテルや植物から採れる精油に溶けることがわかった。ヨーロッパに到着するまでの間に固まってしまった生ゴムを、エーテルや精油に溶かして溶液にすれば、ラテックスと同じように取り扱えるという意味で、価値の高い発見であった。石炭を乾留《かんりゅう》してコークスを作る際にナフサも採れるが、生ゴムはこのナフサにも溶けることがわかった。

この当時のイギリスでは、ガス灯に使うガスを採るために石炭を乾留していたが、乾留した後に残るコールタールとアンモニアのほとんどは捨てられていた。染料を製造するためにアンモニアが必要となったスコットランドの化学工業家チャールズ・マッキントッシュは、アンモニアをコールタールと抱き合わせで引き取ることを条件に、ガス会社から安い価格で買い取る契約を結んだ。買い取ったコールタールから、揮発しやすい成分であるナフサは容易に分離できる。マッキントッシュは生ゴムをナフサに溶かしてゴム溶液を作り、これを使って防水布を作る技術を考案した。彼の防水布の作り方は、ナフサに溶かした生ゴムの溶液を、二枚の布のそれぞれの片面に塗り、ナフサの大部分が蒸発してゴム液がねっとりとしてきた頃合を見計らって、二枚の布のねばつく面を合わせてギュッと押しつけるという原理であった。そのまま放置しておき、ナフサが完全に蒸発してしまうと、外側の二枚の布の間にゴムの層がはさまった、サンドイッチ構造の防水布が出来上がる。彼はこの方法で防水布を製造する特許を取得するとともに工業化にも成功した。

一九世紀に入ると、ヨーロッパでは道路も発達し、旅行をはじめとして馬車を利用する人びとが多くなってきた。問題は雨の日であった。客室を箱型にすれば乗客は雨に濡れなくてすむが、客室の外にいる御者はびしょ濡れになってしまう。マッキントッシュは防水布で御者用のレインコートを作って売り出したところ大好評であった。このような経緯があるので、英和辞典でマッキントッシュ（mackintosh）を調べると、「ゴム引きの防水布、防水外套《がいとう》、レインコート」などの訳語が出てくる。好評を呼んだマッキントッシュのレインコートであったが、生ゴムを使っているため、夏にはゴムが軟らかくなってベトベトしてくるし、寒い冬にはゴワゴワになって裂けやすくなるという、生ゴム特有の欠点は相変わらず解消されないままであった。

温度が変わっても弾力が変わらないゴム

レインコートの商品化によって、ようやく生ゴムの用途は開けたが、四季を通じてゴムの硬さが変わらないようでなければ、商品としてはごく限られた範囲でしか実用化できない。どんな温度条件の下でも、硬さが変化しないゴムを作ることは永年の夢であったが、その方法は偶然の出来事から発見された。

アメリカのコネチカット州で金物商を営んでいたチャールズ・グッドイヤーは、趣味でゴムの研究をしていた。一八三九年の冬のある寒い日、ゴムと硫黄《いおう》をテルペン油に溶かして実験をしていたところ店に客が入ってきた。実験中のゴムと硫黄の溶液をストーブの上に置き忘れ、接客を終えて部屋に戻ってくると、ゴムと硫黄がもうもうと煙をあげて焦げていた。翌朝、実験に失敗したゴムを何気なく手にとってみると、寒い冬の一夜を室内に放り出しておいたにもかかわらず、ゴムは固くなっていなかった。この事実をヒントとして実験を繰り返した彼は、生ゴムと硫黄を混ぜて加熱することによって、気温が高くなっても軟らかくなったりねばついたりせず、また冷えてもコチコチに固くならず、常に一定の弾性を保つゴムの製造方法に到達した。
グッドイヤーが生ゴムの性質を改良する方法を発見したいきさつについては、出版物によって少しずつストーリーが違っているが、どの説をとるにしても、「生ゴム」と「硫黄」に「ストーブ」という三つのキーワード、つまり「生ゴムと硫黄を混ぜたものをストーブで加熱する」という事実は一致している。いずれにせよ、彼は偶然に訪れた機会を見逃すことなく、生ゴムの商品化に際して、最大の欠点とされていた物性を改良するための画期的な方法を発見したのである。後年になって、グッドイヤーはこの件について、著書の中で次のように述べている。

私はずっと前から〈弾性ゴムを作るという〉この目標をなしとげようと努めていたから、この事実に少しでも関係のあるものは何一つとして私の注意から逃れさせることはなかった。それは〈ニュートンにおける〉リンゴの落下と同じく、自分の研究目標に役立つかもしれないいかなるできごとからも、推論をひきだす構えがととのっている精神をもった人物に、一つの重要な事実を暗示するものだった。しかし発明者はこれらの発見が科学的な化学研究の結果ではないことは認めはするものの、それをふつう偶然とよばれるものが生んだ結果だとは認めたくなく、最も周到な推理を適用した結果であると主張するものである。(『エピソード科学史 Ⅳ』)

グッドイヤーはこの後も研究を続け、生ゴムに一～五パーセントの硫黄を混ぜて、圧力をかけながら加熱することによって、マイナス三〇度から一三〇度の範囲内であれば硬さに変化が起こらず、その上に弾性もそのまま残っているゴムを造り出す方法を見出したのである。生ゴムが備えている多くの特性をそのまま残しながら、強度は生ゴムをはるかに超えている弾性ゴムの誕生であった。

生ゴムに硫黄を混ぜてから熱を加える処理方法は「加硫法《かりゅう》」と呼ばれ、ゴム加工技術の中でも最大の発明と位置づけられている。この加硫法の登場によって、ようやくゴムは商品開発の対象として注目されるようになった。伸び縮みする性質、自由に曲げられる性質、水や空気を通さない性質、電気を通さない性質、力を加えると弾む性質、摩擦に強くて簡単には磨《す》り減らない性質など、弾性ゴムの特性を生かして、タイヤはもとより、電気の絶縁材料、ゴムホース、ロール、各種競技用のボール、輪ゴムなど、数え切れないほどのゴム製品が存在しており、ゴムはまさに現代の文明を支えているのである。

空気入りのゴムタイヤの登場

空気入りゴムタイヤの歴史は一八四五年に始まる。この年、スコットランドのロバート・ウィリアム・トムソンが「馬車及びその他の車両のための車輪の改良」と題する特許を取得した。この発明によるタイヤは、ゴム引きをしたキャンバスでチューブを作り、チューブの保護カバーとして、何枚もの動物の皮で重ねて包み込むものであった。このタイヤを木製の車輪にボルトで取りつけるというのが特許の内容である。

このタイヤを取りつけた車両は翌年の夏には公開され、科学的なテストを受けた。その結果、それまでの鉄のタイヤをつけた車輪に比べて、馬車の牽引力は滑らかな道路では六〇パーセント、ごつごつした悪路であっても三〇パーセントは向上することが証明されたという。しかもクッションが利くために車輪から伝わる振動が大幅に軽減されて、乗り心地は著しく改善された。その上、騒音を出すこともなく走る馬車の静かさに人びとは驚き、空気入りのタイヤは一躍注目を集めることになった。

トムソンから特許の実施権を取得したホワイト・ハースト社は、一八四七年には空気入りタイヤの販売を始めた。しかし、このタイヤは四本で四四ポンド二シリングと当時としては高価である上に、一つの車輪にタイヤを取りつけるためには、七〇個以上のボルトを締めつけなければならないという煩雑《はんざつ》さもあって、一部の馬車に使われただけで、やがて忘れ去られてしまった(『自動車の発達史　下』)。

トムソンに次いで、空気入りタイヤに挑戦したのが、先にも触れたが、スコットランド人のダンロップであった。当時の自転車は、細い鉄製のスポークで支えられる鋼製の車輪に、ソリッドゴムのタイヤが取りつけられていたことは先に述べた。このため、クッション性が悪く、パンクした自転車と同じように、乗り心地のよいものではなかった。一〇歳になる息子から「(舗装も十分ではない)街の中を自転車で走りまわるのはけっこう苦痛だ」と聞かされて、彼はタイヤの改良に着手した。一八八八年にダンロップの「空気入りタイヤ」は特許に登録された。特許の内容は「ゴムと布または適当な材料で中空なチューブあるいはタイヤを作り、適当な方法で車輪に装着する」というものであった。彼は空気入りタイヤの改良を重ね、空気を入れたチューブを車輪の外周部にキャンバスで巻きつけて固定する方法の実用化にこぎつけた。

翌年の自転車レースでは、さっそくダンロップの発明したタイヤを採用する選手が現れた。過去のレース中に受けた怪我が原因で、引退も視野に入れていたW・ヒュームという選手がダンロップのタイヤを装着した自転車に乗って出場、ソリッドタイヤを使って絶対的な本命と目されていたクロス三兄弟を尻目に、四戦全勝の快挙をなしとげたのである。ダンロップの空気入りタイヤの優秀さは、ただちにタイヤ革命のニュースとなってイギリス中に知れ渡った。

クロス三兄弟の父親は、レースでは敗北を味わったが、敗北を事業に結びつける才能を持っていた。早くもその年には出資者となって、ダンロップと共同でアイルランドのダブリンに空気入りタイヤの製造会社「ニューマチック・タイヤ&ブースズサイクル・エージェンシー」を設立して、空気入りタイヤの販売を開始した。この会社は一九〇〇年には「ダンロップ・ラバー・カンパニー」と社名を変更、現在の「ダンロップ・ファルケン・タイヤ株式会社」へと発展してきている。

自動車用の空気入りタイヤ

ガソリンエンジンを動力にして走る自動車の発明は、一八八五年ドイツのカール・ベンツによる三輪乗用車が最初であるといわれている。翌一八八六年には同じくドイツのゴットリープ・ダイムラーがガソリンエンジンを搭載した四輪乗用車を世に送り出している。三輪乗用車か四輪乗用車のいずれをとるかの議論はあっても、ガソリン自動車の誕生が一八八五年かその翌年であることは確かである。

プジョー社のエクレール号に乗るミシュラン兄弟（©日本ミシュランタイヤ株式会社）

当時の自動車用のタイヤは、馬車の車輪と同様に、ゴム製のソリッドタイヤが使われていた。従って、走行時のクッション性が悪い上に、道路も整備されていなかった当時、時速が二〇キロメートルに達すると、車体がばらばらになりかねないほどの振動が起こったという。

そのため、自転車業界で大成功を収めている空気入りタイヤを、生まれたばかりのガソリン自動車に取りつけるための研究が進められた。自動車の重量は自転車の比ではない。車体の重量に耐えうる空気入りのタイヤを、どのようにして作るかが最大の問題点であった。多くの困難を乗り越えて、最初に空気入りタイヤを自動車に取りつけることに成功したのは、フランスのミシュラン兄弟、アンドレとエドアールの二人であった。世界で第二回目となる自動車レースが、一八九五年にパリ〜ボルドー間往復一一九二キロメートルのコースで開催された。プジョー社のエクレール号の車体に、開発されたばかりの自動車用の空気入りタイヤを装着して、ミシュラン兄弟はレースに参加した。

悪路のためもあって、エクレール号はゴールインまで二二回もパンクをし、その都度タイヤを交換しなければならず、優勝車の二倍近い時間がかかってのゴールインであった。それでも兄弟の運転するエクレール号は完走車一九台中の一二位となり、途中では時速六一キロメートルの速度記録を出していた。優勝車の平均速度が二四キロメートルであったから、兄弟の出した速度記録は関係者に強い衝撃を与えた。このため、翌年にパリ〜マルセイユ間のレースが開催されると、参加車のほとんどが空気入りタイヤを装着して参戦してきた。それからわずか数年のうちに、自動車のタイヤはすべて空気入りタイヤに切り替わってしまい、二〇世紀を迎える頃には、空気入りタイヤをつけ、ガソリンエンジンを動力源とする、現在の自動車の原型が完成していた。その後の経緯を見れば、ゴム工業の発展は自動車産業の発展とともにあったといってよいであろう。

車社会を支える黒いタイヤ

空気入りのタイヤが自動車の必需品になると、耐磨耗性などタイヤに必要とされる物性の強化や改良をするために、タイヤメーカー各社は研究開発にしのぎを削ることになった。一九〇〇年、イギリスのゴム会社シルバータウン社のモート技師は、タイヤの種類を外観で見分けやすくするため、種類ごとにタイヤに着色することにし、その一環としてカーボン・ブラックを練り込んだ黒いタイヤを作った。カーボン・ブラックとは非常に細かい炭素の粒子のことで、一口でいえば「すす」のことである。一九世紀の末にはアメリカの会社が、天然ガスを燃やしてカーボン・ブラックを採取して、印刷用インクの原料として売り出していた。

黒いタイヤが生まれる以前は、天然ゴムで作ったタイヤはラテックスの色そのまま、クリーム色をしているのが普通であった。モート技師のアイデアによって黒いタイヤが誕生すると、彼の目論み通りにタイヤの種類は見分けやすくなったが、黒く着色したことの効果はそれだけではなかった。外観での識別が可能になったことよりもはるかに大きな効果が現れた。カーボン・ブラックを混ぜたことによって、黒いタイヤの耐摩耗性は一挙に一〇倍以上も高まったのである。

生ゴムに硫黄だけを混ぜた加硫ゴムを、そのままタイヤとして使った場合には、耐摩耗性が低いという弱点がある。加硫ゴムのタイヤが主流になっていた時代は、タイヤの磨耗が激しい上にパンクしやすかったので、数千キロ走行するごとに自動車のタイヤを交換しなければならなかった。カーボン・ブラックを混ぜることによって、タイヤの耐摩耗性を著しく向上させる技術が確立され、従来の一〇倍の距離、数万キロの走行に耐えるタイヤが誕生したのである。黒いタイヤが誕生しなかったら、現在のように自動車が普及していたり、車社会が発達することはなかったであろう。

タイヤの耐磨耗性を強化するために、タイヤに使用するゴムには、生ゴムとほぼ同量のカーボン・ブラックが練り込まれている。このようにゴムの強度を上げることを「補強」と呼んでいる。

カーボン・ブラックは補強材として最適の材料であるとされており、現在に至るまでカーボン・ブラック以上の補強材は見つかっていない。ほとんどのタイヤが黒いのは、補強材として使った「すす」、つまりカーボン・ブラックが練り込まれているからである。

現在でも、たまに白色やその他の色をしたタイヤを見かけることもあるが、これらのタイヤにはカーボン・ブラックの代わりに炭酸カルシウムなどが補強材として使われている。しかし、炭酸カルシウムを含めて、カーボン・ブラック以外の補強材による補強効果は、カーボン・ブラックを使った場合に比べて明らかに劣っている。色つきタイヤは耐磨耗性が低いので、現在では特殊な場合を除いて用いられることはほとんどない。

3　アマゾンの森林から東南アジアへ

パラゴムの木から採取するゴムの樹液

自動車や電気製品などの工業製品が、日常生活の中で占めるウエイトが高くなってくるにつれて、ゴムの用途は急速に広がってきている。合成ゴムの生産量が、天然ゴムの生産量を上まわっている現在（二〇〇九年度）であっても、パラゴムの木から採取される天然ゴムは、年間九六〇万トンに上っている。

天然ゴムを多少なりとも含んでいる植物は五〇〇種以上も存在している。タンポポの茎やイチジクの枝を折ると白い樹液を分泌してくるが、この樹液の中にもわずかではあるが天然ゴムの成分が含まれている。日ごろ目にする観葉植物の一つに「ゴムの木」があるが、これはインドゴムの木といって、インド北部からマレー半島が原産のクワ科の植物であり、アマゾン流域が原産のパラゴムの木とは分類学上は異なる科に属している。かつて、インドゴムの木からゴムを採取しようとして、インドネシアで栽培されたこともあったが、得られるゴムの性質があまり良質ではない上に、採れる樹液の量も少ないので、現在では天然ゴムの生産に使われることはない。コロンブスがイスパニョーラ島ではじめて目にしたゴムボールは、インドゴムの木と同じクワ科に属するパナマゴムの木から採れたゴムである。

ゴムの樹液を採取するのに使われているのは、南アメリカのアマゾン川流域が原産のパラゴムの木である。ゴムの生産が始まった頃、この木から採れる生ゴムは、アマゾン川の河口にあったパラ港(現在のベレン)から世界各地へ輸出されていたので、港の名前をとってパラゴムと呼ばれるようになった。パラゴムの木はトウダイグサ科に属し、学名をヘベア・ブラジリエンシス(Hevea brasiliensis)と命名されており、現在に至るまで、この木から採取される生ゴムの質が最良であると認められている。

一九世紀までの生ゴムは、すべてアマゾン川流域に生えている野生のパラゴムの木から採取され、パラ港から輸出されていた。当時ゴム取り引きの中心であったマナウスの街は、河口にあるゴムの輸出港パラから、アマゾン川を一〇〇〇キロメートルもさかのぼったジャングルの中にあった。自動車が普及するにつれて、ゴムの供給は需要に追い立てられるようになり、生ゴムの値段は高騰していった。ゴムを扱う業者が世界中からマナウスに集まってきており、まさにゴールドラッシュならぬゴムラッシュの状態で、その当時のマナウスは世界中でもっとも豊かな街といわれていた。

当時のゴム樹液の採取方法は、現在のように木の樹皮を薄く削りとって樹液を集める方法ではなく、樹皮にナタで切り込みを入れるなど乱暴なやり方であったので、木を枯らしてしまうことも少なくなかった。極端な場合には、木を切り倒して樹液を集めることさえあった。パラゴムの木はアマゾンの森林の中に、一平方キロメートルに数本程度しか生えていない。このように数少ないパラゴムの木から樹液を集めるためには、長い時間歩きまわらなければならず、膨大な労働力が必要であった。

広大なアマゾンの森林とはいえ、人間が足を踏み入れることができる範囲には限りがある。その上に、乱暴なラテックスの採集によって枯れてしまう木もあって、パラゴムの木の密度は次第に薄くなっていった。ゴムの採取業者に雇われた先住民がラテックスを採集するために歩く距離は、日ごとに長くなっていった。労働者一人にパラゴムの木一五〇本を受けもたせたため、一日に歩く距離は三〇キロメートルにも達するようになり、苛酷な労働によって命を落とす先住民が増えていった。一九〇〇年から一九一一年の間に四〇〇〇トンのラテックスを採集するため、三万人の先住民労働者が命を落としたと伝えられている。この事実が明るみに出ると、ゴムの採取業者に対して世界中から非難の声が巻き起こり、一九一一年を境にしてブラジルのゴムの輸出量は急速に減少して

パラゴムの木。樹高は20～30メートルに達し、葉はクローバーのように3枚で1つの葉になっている（提供　朝日新聞社）

いった。

密かに持ち出されたパラゴムの種子

七つの海に覇を唱え、世界の工場として君臨していたイギリスも、一九世紀の後半になると、産業面でアメリカやドイツの追い上げを受け、繁栄を誇っていた経済にもかげりが見えはじめた。当時のイギリスは低開発国を支配下に治め、それぞれの土地で綿花、コーヒー、茶などを大規模に栽培させ、その産品を輸出することによって自国の経済を発展させる、いわゆる植民地政策をとっていた。イギリスは東南アジアの植民地におけるコーヒー、茶、キナなどの栽培で、いくつかの成功体験を重ねていた。イギリスで植民地に関わる事項をつかさどっていたインド省は、植民地政策の一環としてパラゴムの木を東南アジアに移植し、ゴムを生産することを決定した。実行に移すための第一関門は、まず何よりも、パラゴムの種子をブラジルから持ち出すことであった。

この当時、パラゴムの種子を集めてイギリスへ運ぶことは、二つの理由から容易なことではなかった。ブラジルにおけるゴムの生産量に限界が見えてきたにもかかわらず、自動車工業の発展によってゴムの需要は増える一方であった。タイヤメーカーもゴム加工業者も原料となる生ゴムの入手には四苦八苦しており、一九世紀に入ってからは生ゴムの価格は上昇しつづけていた。パラゴムの種子が海外に持ち出されると、それまで独占していたゴム取り引きの利益が損なわれるので、ブラジル政府はパラゴムの種子の他国への持ち出しを禁止し、厳しい監視の目を光らせていたというのが一つ目の理由である。

もう一つの理由は、パラゴムの種子の生存期間がきわめて短いことである。種子は成熟すると自然に木から飛び散るが、二週間後にはほぼ半数が、一ヶ月もするとほとんどの種子が発芽しなくなってしまう。仮にブラジルから種子を持ち出すことができたとしても、ブラジルからイギリスまでの航海日数と、種子の寿命のどちらが長いかという問題が残る。この時までにも、秘かに種子をイギリスへ運び出そうとする試みが何回となくおこなわれていたが、いずれの種子も発芽することなく、試みはその都度失敗に終わっていた。

一八七六年三月、イギリスの探検家ヘンリー・ウィッカムはイギリス政府の要請を受けて、パラゴムの木の種子七万粒を集めた。彼はイギリスへ直行する「アマゾナス号」を見つけ、ゴムの種子の入った籠《かご》に「キューにあるビクトリア女王の植物園に捧げる優美な植物見本」というラベルを貼り、うまくブラジル税関の目を逃れて、船に積み込むことに成功した。

リバプール港に到着した種子はただちに急行列車でロンドンへ、駅からはタクシーを使って、その夜のうちにキュー植物園へと運び込まれた。準備を整えて待ち受けていた植物園では、直ちに七万粒の種子を温室にまいたところ、幸運にもその中の二六二五本が発芽した。翌一八七七年には、一七〇〇本の苗木がセイロン島（現在のスリランカ）へ送られた。この苗木と、それとは別にシンガポールの植物園へ送られた苗木から、東南アジア一帯におけるゴムの栽培が始まった。

東南アジアで発展したゴム農園

二〇世紀に入る少し前には、パラゴムの木はマレー半島で栽培されるようになっていたが、地域の経済にすぐに役立ったわけではなかった。当時はスズを中心とする鉱業やコーヒーの栽培がこの地域の主な産業であり、農園主たちはパラゴムの木の栽培には関心が薄かった。シンガポールの王立植物園の園長であったヘンリー・リドレーは、忍耐強くゴム栽培の利点を説明してまわり、少しずつではあったが、ゴムを栽培する農園主が増えていた。

自動車のタイヤ用にゴムの需要は高まる一方であるのに、ブラジルのゴムの生産量は頭打ちから下落傾向を示していたため、一九一〇年のロンドンとニューヨークのゴム市場では、史上最高値で生ゴムが取り引きされた。これによって、リドレーの勧めを受け入れて、早くからゴムを栽培していた農園主は大きな利益をあげることになった。

地上１メートルほどの高さで樹皮に切り込みをつけ、垂れてくるラテックスを採取する（©HIROSHI WATANABE/SEBUN PHOTO/amanaimages）

これが刺激となって、マレー半島の農園主の中で、ゴム栽培を手がける者が急速に増えていった。一九一〇年から一二年にかけては、毎年一二〇〇平方キロメートル以上の原生林が新しいゴム農園へと姿を変えた。一八八九年の生産量はわずか四トンにすぎなかったマレー半島の生ゴムは、二〇年後にはブラジルの生産量を追い越し、一九二二年には全世界で生産されるゴムの九三パーセントを、一九三二年には九八パーセントにあたる一〇〇万トン以上を生産するまでに成長した。マレー半島でゴムが本格的に生産されるようになった一九〇〇年頃から、第二次世界大戦で日本がマレー半島を占領して支配下におくまでの間、マレー半島を植民地としていたイギリスは世界の天然ゴムを独占していたのである。

ゴム栽培の普及に努めたリドレーは、一方ではパラゴムの木のどの部分から樹液が分泌されるかについて、学術的な研究を進めていた。アマゾンの先住民たちのように、勘に頼ってナタで木に傷をつけていたのでは、木を傷めてしまい、生ゴムの生産量が落ちてしまうし、最悪の場合は木を枯らしてしまう。彼はパラゴムの木の樹皮から一センチメートルほど内側に樹液を溜めている管があって、その管を切ると樹液が流れ出ることをつきとめた。樹皮の切り方が浅いと樹液の収量があがらないし、逆に深く切りすぎると、植物が生長するのに大切な部分まで傷つけて、木を弱らせてしまう。彼が考案したのは、毎日少しずつ樹皮に溝を切って樹液を採取する方法で、連続タッピング法と呼ばれている。溝を切った部分もやがては樹皮に覆われて再生し、六〜七年後には再び溝を切ることができるようになる。現在でも東南アジアのゴムの樹液は、このタッピング法によって採取されている。

東南アジアのゴム農園で栽培されているパラゴムの木は、すべてウィッカムがアマゾンで集めた種子の子孫である。その後もアマゾンの各地でパラゴムの木の種子を採集しては、そこから得られたゴムの品質を調べてきたが、ウィッカムの種子より優れた性質を示す種子はいまだに見つかっていない。

変化する天然ゴムの生産地図

東南アジアでも、ゴムを栽培する地域は次第に増え、現在ではタイ、インドネシア、インド、マレーシアなどが天然ゴムの主な生産国になっている。なかでも、タイでは天然ゴムの生産量が急速に増加しており、一九九〇年以降は世界第一位の座にあって、世界の生産量の三分の一を占めている。長らく天然ゴムの生産量が世界第一位であったマレーシアでは、工業の発展にともなって一次産業離れが進行しており、一九九一年にはインドネシアにも抜かれ、現在では世界で第三位の生産国になっている。上位三カ国にインドを加えた天然ゴム生産量の合計は、世界の生産量の七五パーセント以上を占めるに至っている。一方、かつてのゴム王国ブラジルの生産量はわずか一パーセントのシェアを占めるに過ぎない。

第二次世界大戦まで、東南アジアの天然ゴムはイギリスに独占されていたので、自動車王と呼ばれたアメリカのヘンリー・フォードは、アマゾンの奥地に八〇〇万平方メートルの農園を開き、パラゴムの木を栽培して生ゴムを自社で生産する計画を立て、実行に移した。もともとパラゴムの木の原産地である土地にゴム農園を開くのであるから、誰の目にも成功は間違いないと思われた。しかし、農園に植えたパラゴムの木は、土着のカビによって起きる「南アメリカ葉枯病」にかかって、次々と枯れてしまい、さすがのフォードも一九四五年にはアマゾンでの栽培を諦めて、事業を撤収せざるをえなかった。パラゴムの木の原産地であるアマゾンには、パラゴムの木の天敵となるカビもまた存在していたのである。

戦争が生み出した合成ゴム

二〇世紀に入ってから、自動車のタイヤあるいは電気の絶縁材料など、ゴムを必要とする産業が目覚ましく発展を続けており、天然ゴムの供給は常に需要に追われる構造になっていた。そこで天然ゴムを産出する植民地を持っていなかったドイツとアメリカが中心となって、天然ゴムの代用品、つまり合成ゴムの研究が進められた。合成ゴムの研究はドイツで一九一〇年頃から盛んになり、かなり品質の良いものが作られるようになっていた。しかし、価格が高い、生産するのに時間がかかるなど、解決すべき点が残っており、実際に天然ゴムに代わって使用されるまでには至っていなかった。

一九一四年に第一次世界大戦が始まると、イギリス艦隊に海上を封鎖されたドイツでは、天然ゴムの供給が途絶えてしまった。当時の戦場では、すでに戦車、飛行機、輸送用のトラックなどが使われており、これらの装備はゴムなしでは、つまりタイヤなしでは戦力としての力を発揮できない。このような状況下で、ドイツにおける合成ゴムの研究は加速された。この頃になると、ドイツではジャガイモを発酵させ、さらにいくつかの化学反応を経て、メチルゴムを作る方法が実用化された。この合成ゴムは電気の絶縁材料としては適していたが、冬場には固くなる上に、トラックのタイヤとして使うためには強度が足りなかった。大戦中のドイツでは合計二三〇〇トンのメチルゴムが生産されたが、天然ゴムに比べるとそうとうに品質が見劣りするので、後に優れた合成ゴムが現れるとたちまち姿を消してしまった。

合成ゴム開発の先頭に立つドイツでは、一九三三年ＩＧ社が石炭と石灰からブタジエンとスチレンと呼ばれる物質を作り、この二つの素材を原料として合成することによって、ブナＳと呼ばれる合成ゴムの開発に成功した。ブナＳは自動車のタイヤ用としても十分な品質を備えていた。翌一九三四年には耐油性のある合成ゴム、ブナＮの開発にも成功した。政権を担っていたヒトラーは、戦時下におけるゴムの重要性をよく認識しており、「ドイツでは軍事用のゴムに不足はありえない」と豪語していたほどである。一九三七年には月産量が二五トンのブナSであったが、第二次世界大戦中の一九四三年には生産量が一一万トンに達していた。

アメリカにおける合成ゴムの研究も戦争によって大きく加速された。アメリカは第二次世界大戦が始まるまではイギリスから輸入する天然ゴムで、自動車用タイヤの製造や軍備に支障をきたすことはなかったし、ドイツからはブナSを輸入していた。しかし、第二次世界大戦が始まって、一九四二年に日本軍がマレー半島やジャワ島、スマトラ島などを占領すると、天然ゴムの輸入ルートを完全に絶たれてしまった。また、敵国となったドイツから合成ゴムを入手することも不可能となった。

ルーズベルト大統領は、合成ゴムの開発を国の管理の下で推進するという大統領命令を布告して、実行に移した。ごく短期間のうちにブナ系の合成ゴムが開発され、第二次世界大戦が終結した一九四五年には生産量が八二万トンに達していた。第二次世界大戦が終わってから一〇年後の一九五五年、これらの合成ゴムの生産は民間に移され、合成ゴムとその製造技術は世界各国へと輸出されることになった。合成ゴムの生産は増加しており、二〇〇九年現在、天然ゴムの生産量九六〇万トンに対し、合成ゴムの生産は一二〇〇万トンに達している。

合成ゴムの場合、目的にあった性質のゴムを作り出せるという、天然ゴムにはない長所がある。しかし、合成ゴムでは一つの性質を改良すると、ほかの性質が低下してしまうという問題点も抱えている。ところが、天然ゴムはどの性質をとってみても八〇点以上のよさを備えている。用途によって天然ゴムと合成ゴムは使い分けられているが、合成ゴムではどうしても天然ゴムに敵わない分野が二つだけ残っている。一つは飛行機のタイヤで、高度一万メートル以上の上空における、氷点下五〇~六〇度という低温と、着陸時には煙が出るほどの高温、この両方の温度に耐えるという過酷な条件に加えて、離着陸時の激しい衝撃にも耐えられるのが天然ゴムである。もう一つはエイズ予防の切り札とされるコンドームで、ピンホールの存在や使用中の破損は絶対に許されず、〇・〇三ミリメートルの薄さを維持できるのも天然ゴムなのである。

タイヤ以外にも広いゴムの用途

天然ゴムの八〇パーセントはタイヤに使われているが、残りの二〇パーセントもさまざまな方面で使われて、現在の社会を支えている。ゴムは古くから電線やケーブルの絶縁材料として使われており、その意味でゴムの用途は電気が使われるところすべて、産業の分野はもとより個人の生活でも電灯やテレビ、冷蔵庫、パソコンなど、生活のすみずみに及んでいる。ゴムという絶縁材料が存在しなかったら、電気は非常に危険な存在であって、産業用の機械から家電製品まで、電気を使う機械類の普及状況は現在とはまったく異なった形となっていたであろう。

また、タイヤ以外にも、ゴムは自動車のさまざまな部品として使われている。なかでも人命に関わる保安用の部品として使われているものが多い。ガソリンホースに不備があればガソリン漏れの危険が生じるし、ブレーキオイルが漏れるようであれば衝突事故につながりかねず、エンジンマウントが悪ければ、エンジンはガタガタとなって車は走行できなくなる。このほかに防振ゴムやオイルシール、ドアまわりのパッキンなど、各所にゴムが使われ、一台の自動車の組み立て部品を見ても、数え切れないくらいのゴム製品が使われている。

工業や農業の分野でも、コンベヤー用のベルトの上には組み立て部品や製品、あるいは土砂などをのせて搬送するために広く使われている。そのコンベヤー・ベルトに動力を伝えるロールにもゴムが使われている。製紙用のロール、紡績用のロール、印刷用のロール、身近なところではパソコン用プリンターの紙送りロールなど、ゴム製のロールは広い分野で生活を支えている。

ゴムは弾性というほかの材料には見られない特性を備えており、その弾性を利用して各種の球技用のボールが作られている。ゴムを使ってない球技用のボールはピンポンの球くらいであろう。野球、サッカー、テニス、ラグビー、ゴルフ、バレーボールなど、いずれの競技でもボールが弾まなければ、競技は成り立たない。打っても蹴っても飛距離が出ない上に、飛んでも落下したら弾まない、見るにしろ自身でプレイするにしろ、競技としての面白さは半減どころか、一〇分の一以下になってしまうだろう。弾むボールが作れないために、これらの競技が存在していないと仮定すると、残るスポーツは陸上競技や水泳などの競争種目や相撲や柔道にボクシングなどの格闘技くらいであろう。見るスポーツとしては、これらのスポーツには球技ほどには観客を集める力はないように思われる。ゴムがなければ、つまり弾むボールがなければ、夏の甲子園大会も開催されず、サッカーのワールド・カップに興奮することもなく、スポーツやレジャーの形も今とは大きく変わっているであろうことは、容易に想像できる。

このほかにも、建築関係では免振建築と呼ばれる新しい工法に使われるゴム製品、海洋汚染防止に使われるオイルフェンス、医療関係で使われる内視鏡や手術用の手袋など、ゴムは日常生活では目につかない分野でも重要な役割をはたして、車社会以外の分野でも生活を支えてくれている。車社会をはじめとして、ゴムが現代の文明を支える大きな柱になっていることに、疑問をはさむ余地はない。

第三章　お菓子の王様チョコレート

1　チョコレートは飲み物だった

原料となるカカオ豆はどんな豆

この世の中から菓子が姿を消してしまっても、生きていく上で特に困ることはないであろう。しかしながら、菓子のない日々は、考えただけでも潤いのない生活になるに違いなく、小さな子どもがいる母親は毎日のおやつに頭を痛めることになろう。菓子は人に楽しさや夢を与え、心を豊かにしてくれる。そんなわけで、スーパーマーケットの店頭には数多くの菓子が陳列されているが、その中でも「お菓子の王様」として、世界中の人びとに親しまれているのがチョコレートであり、チョコレートは子どもの心をときめかせるだけでなく、時には大人までも虜にしてしまう不思議な魅力を備えた菓子である。

世界中の人びとに愛されているチョコレートであるが、一体どのような原料で作られているのであろうか。甘いから砂糖を使っていることは確かである。ミルクチョコレートと呼ばれるくらいだから、乳製品が配合されていることも間違いない。濃いこげ茶色をして、ほろ苦く、口の中ですっと融ける、チョコレートの特徴を出している原料がカカオ豆なのである。カカオ豆（cacao bean）は世界中に共通する呼び名であるが、ダイズやソラマメのように分類学上のマメ科に属しているわけではない。カカオの木に実る果実の中に入っている種子をカカオ豆と呼んでいるのである。

新大陸が原産の植物について語るとき、非常に重要な地域の一つにメソアメリカと呼ばれる一帯がある。メキシコ中部からコスタリカにかけての地域を一まとめにしての呼び名で、テオティワカン、マヤ、アステカなど、高度に発達した古代文明が出現した土地でもある。

チョコレートの歴史は紀元前一〇〇〇年のメソアメリカまでさかのぼる。カカオの木を栽培し、チョコレートの主原料となるカカオ豆を利用したのは、メソアメリカに最初に出現したとされる文明、オルメカ文明を築いた人びとであった。その後に興ったマヤ文明は、オルメカ文明からカカオ豆の栽培や加工の技術をそっくり受け継いでおり、マヤ族の遺跡からはカカオの木を描いた土器も見つかっているし、また、彼らが残した絵文字の中には、平らな石板の上ですり棒を使ってカカオ豆をすり潰している場面もある。彼らはカカオ豆を炒ってからすり潰し、湯で溶いた後にさまざまな材料を混ぜて、ドロリとした温かい飲み物を作って飲んでいたこともわかっている。この飲み物は宗教的な意味を持っており、マヤ族にとってチョコレートは重要な飲み物だったようである。一四世紀頃にメキシコの中央高原に出現したアステカ文明もまた、チョコレートに関しては、マヤ文明の持つノウハウをそっくり受け継いでいる。

熱帯雨林で育つカカオの木

樹高が一〇〜一三メートルに達するカカオの木は、アマゾン川の上流地域が原産地であり、樹高が三〇〜四〇メートルにも及ぶ熱帯雨林の中に生えている。直射日光を嫌うカカオの木にとって、

幹から直接ぶら下がっているカカオの実（©PANA）

日陰を提供してくれる熱帯雨林は生育に適した場所である。カカオの木はアマゾン川の上流から中南米の各地へと伝播していったが、ある地域ではカカオの木は病気のために全滅してしまい、また別の土地では気候風土に合わなかったりして、現在ではメソアメリカと南米のベネズエラおよびエクアドルに自生しているだけである。カカオの木が生育する条件は、北緯二〇度から南緯二〇度の間で、標高が三〇〇メートル以下、年間を通じて気温が二〇～三〇度で、年間の降水量が一三〇〇ミリメートル以上、言い換えれば高温多湿な熱帯性の気候が必要である。

カカオの木は、日本人には想像もできないような花の咲き方をする。日頃見慣れている樹木の場合は、花は枝の先に咲くのが普通であるが、カカオの木では幹や太い枝のいたるところに、一年中花が咲いている。一本の木で一年間に一万個くらいの花が咲くが、受粉して結実するのはせいぜい五〇個くらいである。実った果実は直径が一五センチメートル、長さ二五センチメートルくらいで、ラグビーボールのような形をしており、幹や太い枝から直接ぶらさがっている。熱帯産の植物ではときどき見られる姿であるが、はじめて見る人には奇異な感じを与えずにはおかない。

分類学の父とも称されるスウェーデンの植物学者カール・フォン・リンネによって、カカオの木はテオブロマ・カカオ（Theobroma cacao）という学名を与えられた。ギリシャ語でテオ（theo）は神であり、ブロマ（broma）は食べ物という意味である。リンネはカカオの木に「神様の食べ物」という学名を与えたのだが、どのような思いでテオブロマという名前をつけたのであろうか。アステカの社会では王侯貴族や勇敢な戦士にしかチョコレートを味わうことは許されていなかったが、そのことが念頭にあって、リンネは「神様の食べ物」と命名したのであろうか。カカオ豆から作るチョコレートが「お菓子の王様」と呼ばれるのにふさわしい学名ではある。

カカオ豆の採集方法

カカオの果実は硬い皮で覆われている。果皮を割ると中には甘酸っぱい汁を含んだ果肉があり、その中に三〇～五〇粒の種子が入っており、この種子をカカオ豆と呼んでいる。カカオ豆はゼリー状の果肉にしっかりと包み込まれており、傷つけることなく手作業でカカオ豆を取り出すのは容易なことではない。いつの頃から始まったのか定かではないが、果実から取り出した果肉を大きな木の箱に入れて放置しておくと、自然に発酵が始まって果肉が液化してくるので、容易にカカオ豆を分離できるようになる。

この発酵の工程は、単にカカオ豆を果肉から取り出しやすくするのに役立っているだけではない。果肉の発酵が始まると同時にカカオ豆は発芽する。発酵が進むにつれて温度は五〇度くらいまで上昇するし、発酵によって生じる酢酸によって酸度も高くなる。発酵が始まって二日目には、高い温度と酸の影響を受けて、せっかく発芽したカカオ豆は死んでしまう。発芽した翌日には死んでしまうとは、一見むだな現象のようであるが、チョコレートの風味という点からは、一度発芽することは非常に重要な意味を持っている。発芽したことのないカカオ豆を使ったのでは、どのように工夫しても美味しいチョコレートを作ることは不可能である。さらに、発酵している間にカカオ豆の渋味やえぐ味が除かれるし、色調もチョコレートとして好ましい方向へと変化する。チョコレートのいい香りのもとになる物質もこの段階で作り出される。

発酵を経て取り出されたカカオ豆には五五パーセント前後の水分があるので、日光に当てて乾燥させる。天候にもよるが、だいたい一～二週間かけて、カカオ豆の重さが乾燥前の半分程度、つまり水分が五～七パーセントくらいになるまで乾燥させる。ここまで乾燥すると、カカオ豆は長期間の保存ができるようになり、六〇キログラムずつ麻袋に詰められ、消費国へ向けて輸出される。

18世紀のチョコレート製造工場。カカオ豆の基本的な処理方法はマヤの時代から少しも変わっていない

今に至るも変わらないカカオ豆の処理法

アステカ時代のチョコレートを作って飲むにしても、現代風に板チョコに加工するにしろ、よい味と香りを出すために、カカオ豆をローストすることは絶対に必要であり、チョコレートの風味を決定する上でもっとも大切な工程である。カカオ豆をローストすると豆の中ではさまざまな反応が起きる。苦味が弱くなったり、揮発性の酸が飛散するなどして、この段階でチョコレート特有の香味が生まれてくる。ローストによってカカオ豆の水分は一パーセント程度になり、豆はチョコレートらしい濃い茶褐色に変わる。

ローストしたカカオ豆は砕かれて、風の力を利用してニブ（実）からチョコレートを作るのに邪魔となるシェル（殻）とジャーム（胚芽）を分離除去する。チョコレートの原料となるニブには、カカオバターと呼ばれる脂肪が五五パーセント前後も含まれているので、三〇度以上の温度ですり潰すとドロドロとしたペーストになるが、この茶褐色のペーストを専門用語でカカオマスと呼んでいる。飲み物にするにしても、板チョコに加工するにしても、カカオマスがチョコレート作りの起点になる。

カカオの実を収穫してから、果肉を「発酵」させてカカオ豆を取り出し、天日で「乾燥」した豆を「ロースト」してチョコレートらしさを発現させ、砕いたカカオ豆を「風選」してニブから夾《きょう》雑《ざつ》物となるシェルとジャームを分離除去する。カカオの果実を収穫してからカカオマスを作るまでの基本は、大ぐくりすると以上の四つの工程から成り立っている。少なくとも、メキシコ南部に住んでいたオルメカ人がチョコレートを口にするようになって以来、この四つの工程には、現在までにさまざまな技術的な進歩は見られるが、今日まで三〇〇〇年もの間、基本的な変化は認められない。

アステカ帝国では高貴な飲み物

アステカ族の間でも、マヤ族の場合と同様に、カカオ豆は飲み物として利用されていたが、それは現代でいうチョコレートドリンクやココアとはまったく違う代物であった。ローストしてからすり潰したカカオ豆を水に溶かし、そこにトウモロコシの粉、トウガラシ、バニラなどを加え、専用の泡立器で泡立てて飲んでいたのである。

先にも述べた通り、アステカ帝国ではカカオ豆で作るチョコレートを飲むことは、王侯貴族など身分の高い階級と戦士たちだけに許された特権であり、欧米流の晩餐《ばんさん》会で食後に供されるブランデーやポートワインなどと同様に、食事の最後に出てくる飲み物であった。アステカ帝国の最後の皇帝となったモンテスマ二世は、カカオ豆から作った飲み物をことのほか好み、黄金の杯で毎日大量に飲んでいたという。アステカ帝国を滅ぼしたエルナン・コルテスの部下であったベルナール・ディアスは、モンテスマ二世がココアを飲む様子を次のように書き残している。

戦いの装いをしたモンテスマⅡ世

> 時々、カカオから作ったある飲み物が入った純金の杯が、皇帝のもとに持ってこられた。それは、女たちを相手に首尾よく行くようにするためだということだったので、我々はそれ以上の詮索はやめにした。だが、私の見たところでは、大きな壺で五十杯以上ものよく泡立てた上質のカカオが出され、皇帝はそれを口にしていた。
>
> (『チョコレートの歴史』)

はじめのうち、スペイン人たちはこの飲み物になじむことができずに、「チョコレートは人類よりは豚にふさわしい飲み物のように思える。この国に来てから一年以上になるが、それを味わってみたいと思ったことは一度もない」と、嫌悪感をあらわにする者がほとんどであった。しかし、一旦飲み慣れてしまうと、「味はやや苦味がり、滋養があって元気が出るが、酔うことはない」と評価は一変する。征服者コルテスはいち早くチョコレートの効能を見抜いており、「これを一杯飲めば、食べ物なしでも一日中歩き続けることができる」と言い、部下に強制的に飲ませていたと伝えられている。

アステカ族の間では、マヤ文明の世界と同じようにカカオ豆は通貨としても使われていた。一五二五年頃には、カボチャはカカオ豆四粒、ウサギ一匹は一〇粒、そしてよく働く奴隷一人が一〇〇粒で売買されていた。このようにカカオ豆は貴重なものであったから、その加工品であるチョコレートは誰でもが口にできるというものではなく、許可なしに飲むと命に関わることがあったと伝えられている。

アステカ帝国の首都テノチティトランがあったメキシコ中央高原地帯は、メキシコ・シティの気候からもわかるように、真夏でも月の平均気温は日本の稚内《わっかない》なみに二〇度にも達しないし、年間降水量も一〇〇〇ミリメートルに遠く及ばない。気温も降水量も、カカオの木が生育するためにはまったく不向きな土地である。首都の周辺でカカオ豆を収穫することは望むべくもなかった。アステカ帝国では重要な貢納品として、征服した周辺の民族に対し、カカオ豆を首都に搬入することを義務づけていた。貢納品のリストによると、首都のテノチティトランには、毎年九八〇荷分のカカオ豆が運び込まれており、一荷分には正確に二万四〇〇〇粒のカカオ豆が詰められていた。

ヨーロッパとカカオ豆との出会い

ヨーロッパ人で最初にカカオ豆を目にしたのはコロンブスの一行であり、彼の第一回目の航海の記録である『コロンブス航海誌』にそのときの状況が描かれている。この本はラス・カサス神父がコロンブスの日誌を要録したもので、コロンブスの航海日誌としては現存する唯一の記録である。一四九二年一二月二二日、イスパニョーラ島の首長一行がコロンブスの船を訪ねてきた際の模様を次のように記している。

この日は百二十隻以上ものカノア（先住民が使っていた舟）が本船《ナオ》へやってきたが、どれにも一杯に人がのっていて、その誰も彼もが、彼らのパンや、魚、土かめに入れた水や、良い香料になる木の実など、何かを手にしてきた。彼らは木の実を一粒、椀中の水に入れてこれを飲むが、提督（コロンブスのこと）に同行するインディオ達もこれは健康に非常によいのだとのべていた。

『コロンブス航海誌』の注には、「（椀の中に入れて飲む木の実は）カカオのことであろう」と解説されており、このときがヨーロッパとカカオ豆のはじめての出会いとして間違いなかろう。先住民にとってこの木の実がどういう価値を持っているのか、このときのコロンブスにはまだ何もわかっていなかった。

ヨーロッパ人がカカオ豆の価値の一端に触れたのは、コロンブスにとって最後の新大陸行きとなった四回目の航海でのことであった。ホンジュラスから五〇キロメートルほどの沖合にあって、現在ではバイア諸島と呼ばれている島々のうちの一つ、グアナファ島に一行は錨《いかり》を下ろした。一五〇二年八月一五日、グアナファ島に現れたマヤ族の大型の交易舟を捕獲したところ、積荷の中には黒曜石の刃を埋め込んだ戦闘用の棍棒《こんぼう》、綿布の衣服などとともにカカオ豆があった。コロンブスの次男フェルディナンドは『提督クリストバル・コロンの歴史』の中で、このときのカカオ豆について次のように記している。

たくさんのアーモンド（ここではカカオ豆を意味する）があった。そのアーモンドは彼らの間ではたいそう高価なものらしかった。それらをいろいろな物資と一緒にこちらの船に移す際に、何粒かがこぼれ落ちると、まるで目玉でも落としたかのように、全員が大慌てで屈み込んで拾い上げていたからだ。

（『チョコレートの歴史』）

カカオ豆から高貴な人のみが飲むことを許される飲み物が作られていることや、通貨としても使われていることなど、コロンブスは何も知らないままに生涯を終えたが、この一件を目撃したことによって、この〝アーモンド〟が先住民にとっては非常に貴重なものであることだけは感じ取っていたはずである。

ヨーロッパに伝えたのは誰か

カカオ豆が、あるいは飲み物であったチョコレートが、いつヨーロッパに伝わってきたのか、正確なことはわかっていない。多くの著作物では、カカオ豆がヨーロッパに持ち込まれたのは、アステカ帝国を三年足らずの間に滅ぼしてしまったコルテスが、一五二八年に本国スペインに凱旋帰国した際に、国王に献上したのが始まりだとしている。一方、『チョコレートの歴史』によれば、コルテスがカカオ豆をヨーロッパに伝えたということについては、史料の上ではまったく根拠が見当らないと断言している。

一五一九年、コルテスはメソアメリカ地域で略奪した戦利品のうち、法律によって国王の取り分と定められている、五分の一を積んだ船を本国へ送り出した。この船の積荷については詳細な目録が残っているが、カカオ豆については何の記述も見当たらない。さらに、一五二八年に本国に戻ったコルテスは、神聖ローマ皇帝カール五世（スペイン国王カルロス一世も兼ねていた）の宮廷を訪れ、新大陸から持ち帰った多くの土産品を献上しているが、この訪問に関する史料の中にも、カカオ豆については一行も触れられていない。

だからと言って、コルテスがカカオ豆にまったく無関心であったわけではないことは確かである。メソアメリカに遠征中の彼は、スペイン国王宛に五通の報告書を送っているが、その二回目の報告書の中には、カカオ豆は飲み物を作るのに使われているだけではなく、貨幣としても使われていると、カカオ豆に関する重要なポイントを二つともきちんと書き送っている。

『チョコレートの歴史』によれば、ヨーロッパ域内でカカオ豆が人びとの目にはじめて触れたという記録が現れるのは一五四四年のことである。この年、ドミニコ会の修道士たちがマヤ貴族の代表団をともなって、スペインのフェリペ皇太子を訪問しているが、その折りに、代表団の一行が泡立てたチョコレートを入れた容器を宮廷に持ち込んだ、という記録が残っている。この本の著者であるマイケル・D・コウらは、これがヨーロッパ域内におけるチョコレートに関する史料の初出であるとしている。

一六世紀を通じて、スペインと新大陸の間には、探検家や聖職者、入植者などの絶え間ない行き来があった。盛んになった往来にともなって、この記録より以前に、カカオ豆や飲み物としてのチョコレートがヨーロッパに持ち込まれていた可能性は否定できない。確かに言えることは、一六世紀の前半までには、カカオ豆も飲み物としてのチョコレートもスペインに伝わっていたことである。

2　飲み物からお菓子の王様へ

スペインで変化したチョコレートの飲み方

一四九四年、ローマ教皇の仲裁のもと、スペインとポルトガルの間で「トルデシリャスの条約」が結ばれた。この条約によって、アフリカ沖のベルデ岬諸島の西方三七〇レグア（約二〇〇〇キロメートル）の地点、西経四六度三〇分を走る経線を境界線として定め、その東側で発見された土地はポルトガルに、また西側の土地はスペインに帰属することになった。この結果、カカオ豆の産地であるメソアメリカ地域はすべてスペインの勢力圏に属することになり、スペインがカカオ豆の輸入を独占することになった。

スペインの国内でカカオ豆への需要が高まるのに対応して、ベネズエラやトリニダード島にもカカオ農園を開設したが、ここでもカカオ豆の輸出先はスペインだけと厳しく制限されていた。その上、スペイン本国では、カカオ豆そのものはもちろんのこと、製造法を含めてチョコレートに関する一切の事物と知見については、国外に持ち出すことは固く禁止されていた。

スペインより少しばかり遅れて、ようやく国力をつけてきたオランダやイギリス、フランスなどが、新大陸での利権獲得に割り込んできた。これらの後発国はあちこちでスペインと衝突することとなり、ときにはスペインの交易船を拿捕《だほ》することもあった。そのような折りに、オランダ船やイギリス船の乗組員たちにとって、スペイン船に積み込まれているカカオ豆は、ウサギやヒツジの糞のように見えるだけで、その価値をまったく理解できなかったため、海中に捨てられていたというくらい、スペインではチョコレートの秘密が固く保持されていた。

スペインでも初期の頃はアステカ族の場合と同じように、すり潰したカカオ豆を水に溶かしてから、バニラ、シナモン、ナツメグ、クローブなどさまざまな材料を、ときにはトウガラシやコショウなども加えて飲んでいた。このチョコレートの飲み方に大きな変化が起こった。水ではなく、熱い湯にチョコレートを溶かして飲むようになり、同じ頃に起こったもう一つの変化は、チョコレートに砂糖を入れて飲むようになったことであった。

チョコレートに砂糖を入れて飲みはじめたのは、スペイン国王のカルロス一世であると伝えられている。チョコレートに砂糖を混ぜると、ただ苦いだけの飲み物から、甘味と苦味がほどよく調和した魅力的な飲み物へ変化することに気づいたのである。この当時の砂糖はサトウキビの原産地であるインドで生産されており、その輸入に際しては、荷物がイスラム諸国を通過するたびに、高い税金を払わなくてはならなかった。そのため、砂糖がヨーロッパに到着したときにはきわめて高価になっており、食料品店ではなく薬屋で扱われるほどの貴重品であった。

カカオ豆はメソアメリカからの、砂糖はインドからの輸入品であり、いずれも高価で庶民とはまったく無縁のものであった。いずれか一方でも口にすることは、上流階級の人にしかかなわないことであった。つまり、カカオ豆や砂糖などの輸入品を消費するということは、当時としては一種のステイタス・シンボルだったのである。チョコレートに砂糖を入れて飲むことは、二つのステイタス・シンボルを重ね合わせることであり、上流階級の人びとにとっては、飲み物としての味もさることながら、これ以上望むべくもないほどに身分を誇示できる行為であった。

一七世紀に入ると、新大陸ではアフリカ人の奴隷を使っての砂糖生産が軌道にのりだし、ヨーロッパの市場に砂糖が大量に出まわるようになると、砂糖を入れて甘くしたチョコレートを飲む習慣は、ヨーロッパの上流階級の間に急速に広まっていった。温かくてしかも甘いチョコレート、つまり現在のココアの飲み方の原型は一七世紀のスペインの宮廷で生まれたのである。

フランスでは上流階級の飲み物に

一六世紀という時代は、ヨーロッパの中でもスペインがファッションの最先端を行く国であった。ヨーロッパ中の目はスペインの宮廷文化に注がれていたので、チョコレートの秘密をいつまでも隠し通すことはできなかった。スペインでは厳重に管理されていたチョコレートの秘密も、旅行者や船乗り、聖職者などによって、少しずつではあるが近隣諸国に漏れ出すようになり、イタリアも、フランスもチョコレートの存在に気づきはじめていた。カカオ豆が密かにスペインから持ち出される一方で、オランダはベネズエラ産のカカオ豆をスペイン以外の国へ輸出するようになっていた。このようにして、一六世紀の末になると、チョコレートはヨーロッパでは名の知れた飲み物になっていた。

フランスでチョコレートが上流階級の飲み物としての位置を得るようになったのは、一六一五年にルイ一三世がスペインの王女アンヌ・ドートリシュと結婚して以降のことである。王女はチョコレートを飲む習慣と高価なカカオ豆を持参の上、フランスへ嫁いできた。チョコレートは王女とともにピレネー山脈を越え、フランスに根を下ろしてショコラと呼ばれるようになった。チョコレートがフランスの宮廷の飲み物として完全に定着したのは、一六六〇年に同じくスペインの王女マリー・テレーズが、太陽王と呼ばれたルイ一四世のもとに嫁いで以降のことで、王女の輿入《こしい》れの際にはチョコレートの調理を専門にする侍女が随行してきたほどであった。これを契機としてルイ一四世の宮殿では、チョコレートは最高の飲み物と位置づけられ、上流階級の飲み物としてもてはやされるようになった。

ルイ14世の后、マリー・テレーズ。フランス上流階級の飲み物としてチョコレートを定着させた

ルイ一四世時代のフランスでは、ヴェルサイユに豪華な宮殿が建てられ、華やかな宮廷文化が全盛期を迎えていた。マリー・テレーズの存命中、あらゆる公式の行事や接見などの場では、必ずチョコ

トレーには水と飲み物としてのチョコレートが乗っている（リオタール画『チョコレートを運ぶ娘』／ドレスデン国立絵画館蔵）

レートが振る舞われるようになっていた。こうして、チョコレートは一六六〇年代が終わる頃までには、スペインはもとよりフランスやイタリアでも貴族階級の飲み物として定着していた。

　スペインから各国へと伝わっていったチョコレートは、特定の国に限定されることなく、広い地域で飲まれるようになったが、一七世紀の時点で、チョコレートを多く飲む地域の中心は、地理的に見ればスペインやイタリアなどのヨーロッパ南部で、宗教的にはカソリックの影響が強い地域であった。同じ頃にヨーロッパで普及したコーヒーのほうが優勢だったのは、フランスなど北西ヨーロッパであって、宗教的にはプロテスタントの勢力圏が多かったのと対照的である。

　貴族階級の飲み物として定着していたチョコレートを彼らが飲むのは主に朝であり、ベッドで目覚めてから居間へ出るまでの時間を優雅に過ごすための飲み物であった。当時の絵画には、朝風呂の中で召使にひげをそらせながらチョコレートを飲む男の絵、湯上りの体をガウンに包んだ美女のもとへ召使がチョコレートと恋文を運んでくる絵などがあるという。当時の貴族階級はこれが健康な朝の過ごし方と考えていたようだが、現代の目からは、当時のチョコレート飲用のＴＰＯにはいささか怠惰の陰影がつきまとっているように見える。

一六世紀ヨーロッパの飲み物事情

水質が悪く、水の味もよくないのがヨーロッパ大陸である。この時代まで喉の渇きをいやす飲み物は、ウシやヤギなどのミルク、あるいはビールやワインなどのアルコール系の飲料が主であった。ヨーロッパでは農業と牧畜は切っても切れない関係にあるので、古くからウシやヤギのミルクを利用していたが、搾ったミルクの多くはチーズ、バター、ヨーグルトなどの保存食品に加工されるのが普通であった。とはいえ、農家ではミルクを飲んでいたし、近くの町に住む人びとにミルクを売ることもあった。しかし、搾ったままのミルクは腐りやすい。殺菌や冷蔵といった保存技術も、鉄道やトラックによる大量輸送のシステムもなかった時代、生のミルクを遠く離れた都会へ供給することは不可能であった。都会に住む人びとの多くは、好むと好まざるとにかかわらず、アルコール系の飲料を飲んで渇きをいやしていた。

アルコールの濃度が今よりは低かったとはいうものの、男も女も、大人も子どもも、ビールやワインを飲んで喉の渇きをいやし、朝から晩まで軽いほろ酔いの状態で過ごしているのが当時のヨーロッパ社会であった。そのような状況にあったヨーロッパへ、新しい飲み物としてチョコレートが伝わってきたのである。ほどなくしてオランダの東インド会社の手によって、日本と中国から茶が伝えられるし、アラビア半島のイエメンの港から積み出されたコーヒーもヨーロッパに上陸するようになった。

アルコール分をいっさい含んでおらず、しかも熱い状態で飲むこの三種の飲み物に、ヨーロッパの人びとは短期間のうちになじんでいった。含まれているカフェインの量に差があり、また成分中に茶やコーヒーのようにカフェインを含むか、チョコレートのようにテオブロミンを含むかの違いがあるため、飲んだ後の効果には若干の差はあるものの、チョコレート、茶、コーヒーはいずれも頭をすっきりとさせてくれる飲み物であった。その上、何杯飲んでもアルコール飲料の場合のようにほろ酔いになる心配はない。三種の飲み物は健全な飲み物として社会に認知され、時を経ずして、少なくとも朝からアルコール系の飲料を口にする習慣は、ヨーロッパの社会から消えていった。

新しくヨーロッパ社会に伝わってきたこれら三種の飲み物は、ヨーロッパの近代化を大きく推進した産業革命にとって、大きな意義を持った。産業革命以前のようにマイペースでできる手作業ならともかく、産業革命後の生産活動では、機械の動きに人間がペースを合わせなければならないので、朝からほろ酔い機嫌の労働者では対応できなかったはずである。そういった意味で、この三種の飲み物は労働者の質を向上させることにより、産業革命の進行に寄与して、ヨーロッパの近代化に大きく貢献したことは確かである。

チョコレート、コーヒー、紅茶の競合

一七世紀のはじめ頃になると、ヨーロッパでは新しく伝わってきた三種の飲み物、チョコレート、紅茶、コーヒーが三つ巴になっての競合が始まった。飲み物としては競合しているものの、いずれを飲むときでも、カップとソーサーにティースプーンを使うこと、また飲むときには熱々の状態でミルクや砂糖を使うことなど、三品の飲み方には共通するマナーが生まれた。三種の飲料のうち、どれが中心となる飲み物になったかについては、それぞれの国の植民地の事情によるところが大きかった。スペインはカカオ豆の産地である中央アメリカやベネズエラとの結びつきが強かった。イギリスは東インド会社を通じて茶の産地である日本や中国との貿易量が多かった。フランスはコーヒーを産出する植民地を多く抱え込んでいた。このような背景のもとに、国ごとに中心となる飲み物の色分けが出来上がっていった。

一時は三つ巴の競合状態にあった新しい飲み物の中で、まずチョコレートが戦線から脱落することになり、ヨーロッパにおける日常の飲み物は茶とコーヒーによって二分されるようになった。チョコレートが飲料戦線から脱落していった原因はいくつか考えられる。カカオ豆の生産地メソアメリカを植民地として抱えていたスペインは、世界に誇った無敵艦隊がイギリス艦隊との海戦で決定的な打撃を受けて、制海権を失ってしまい、やや遅れて世界史に登場してきたイギリス、フランス、オランダなどの新興国に対抗しきれなくなっていた。世界におけるスペインの勢力が後退しはじめたことは、チョコレートが最大の保護者を失うことを意味し、飲料戦線から後退する一つの大きな

要因となった。

もう一つの要因は、紅茶やコーヒーにはカフェインが含まれているので、飲めば確かな覚醒作用があるのに対し、チョコレートに含まれるテオブロミンの興奮作用は穏やかで刺激性が少ない点である。覚醒作用という観点からは、紅茶やコーヒーに比べると、チョコレートは確かにインパクトの弱い飲み物である。その上、当時のチョコレートには脂肪分が多く含まれていたために口当たりが重い飲み物であり、一度に二杯も三杯も飲めないこともマイナス要因として働いた。

時代が経過して、オランダのバン・ホーテンがチョコレートの脂肪分を減らして、湯に溶かしやすいココアを開発したが、時すでに遅く、ヨーロッパの飲み物は紅茶とコーヒー中心の時代に移り変わっていた。チョコレートは日常の飲み物からはずれて、嗜好品として、特に女性と子どもの飲み物として位置づけられるようになっていた。このまま推移していれば、チョコレートはマイナー商品に落ちぶれてしまったか、あるいは消滅してしまって現在に名前を残すことはなかったかもしれない。

飲み物から食べるチョコレートへ

ローストしたカカオ豆を砕き、風選によって皮や胚芽などの不要物を除去したニブ（実）を磨り潰してチョコレートを作るが、ニブにはカカオバターと呼ばれる脂肪分が五五パーセント程度含まれているため、当時のチョコレートは油っぽく濃厚な味がする飲み物であった。この欠点を解消したのがオランダ人の化学者コンラート・バン・ホーテンで、一八二八年、ニブを磨り潰したカカオマスから、含まれているカカオバターの三分の二ほどを搾り取ることを考案して、粉末チョコレート、現代風にいい直せばココア粉の製造法として特許を取得した。

彼はさらに、カカオ豆のニブにアルカリ溶液を加えて、加熱しながら反応させることによって、出来上がったココアの粉を湯に溶かすと赤褐色のおいしそうな色になることと、同時にニブの中にあった酸が中和されるため、刺激性の味が薄れて飲みやすくなることも発見した。出来上がったココア粉を湯に溶かすと、それまでのこってりとして濃厚なチョコレートとは違って、口当たりがあっさりとして、しかも従前のチョコレートよりも香味が豊かな飲み物になった。バン・ホーテンの発明から間もなく二〇〇年という現代でも、ココア粉を製造する際には、「ニブにアルカリを反応させる工程」と「カカオバターを絞り取る工程」の二つが基本になっている。

バン・ホーテンが発明したココア粉の製造法は、単に使いやすいココア粉と飲み心地のよいココアを世に送り出しただけではなかった。ココア粉を作る際には副産物として、カカオマスから搾ったカカオバターが大量に出てくる。淡い黄色味を帯びて、常温では固体のカカオバターは、料理に使っても豚脂や牛脂のような旨味に欠けており、その当時は座薬以外にはさしたる用途が見当たらなかった。当初は邪魔物と見られていたカカオバターであったが、その存在が食べるチョコレート、つまり菓子としてのチョコレート誕生の引き金になった。

世界に先駆けて食べるチョコレートを作り出したのは、イギリス西部の港町ブリストルにあった

J・S・フライ・アンド・サンズ社とされている。単純にニブを磨り潰したカカオマスに砂糖を混ぜたのでは、ボソボソとしたフレーク状になってしまい、板チョコのようにパリッとした固形のチョコレートを作ることはできない。同社では、この問題点を解決する方法として、カカオマスに砂糖とバニラを混ぜた上に、さらにカカオバターを加えることによって、加温した際に流動性のあるペーストを作る方法を発明したのである。出来上がった流動性のあるペーストを型に流し込み、冷却した後に型から取り出せば固形チョコレートの誕生である。この固形のチョコレートは、「おいしい食べるチョコレート」と名づけられて、一八四九年にフライ・アンド・サンズ社から発売された。

一方、イギリスのキャドバリー社の一八四二年の定価表には「イーティング・チョコレート」の名前が載っているが、その物についての記録が何も残っていないので、それがどのような商品であったかについては不明である。キャドバリー社が先か、フライ・アンド・サンズ社が先か、どちらが最初に食べるチョコレートを世に送り出したかは、今となっては特定することは難しい。いずれにしても食べるチョコレート、つまり菓子としてのチョコレートが誕生したのは一八四〇年代のことであり、三〇〇〇年におよぶチョコレートの歴史の中で、たかだか一七〇年前のことでしかない。

一八六七年、スイス人のアンリ・ネスレは牛乳から粉ミルクを作る方法を発明し、この発明によって、彼の会社は世界最大の食品会社にまで発展することになった。開発されて間もない粉ミルクを使って、新しいチョコレートを作り出したのはスイス人のダニエル・ピーターで、一八七九年に最初のミルクチョコレートが世に送り出されて好評を博した。ミルクチョコレートとミルク分が入っていないブラックチョコレートを食べ比べれば、どちらの味が大衆に好まれるかは衆目の一致するところであろう。

この時点で、現在のチョコレートの原型がほぼ出来上がった。一度は衰退の一途にあった飲み物としてのチョコレートは食べるチョコレートに変身することによって、世界中の人びとに愛好され、「お菓子の王様」と称されるまでの復活を遂げたのである。

アフリカで発展するカカオ農園

飲むチョコレートが食べるチョコレートに形を変えて、ヨーロッパ中にその美味しさが知れ渡るようになると、当然のことながらカカオ豆への需要が高まってくる。従来からのメソアメリカとベネズエラ産のカカオ豆だけでは、ヨーロッパの需要を満たすことができなくなった。

この時代、メキシコからパナマにかけての中南米はもとより、南アメリカ大陸もブラジルを除けばすべてスペイン領であった。スペインの政策もあって、南アメリカ大陸でのカカオ豆の栽培はベネズエラだけに限られていた。一八世紀も末になってスペインの統制力が弱まってくると、もともとカカオの木が自生していたエクアドルにもカカオ農園が開かれるようになった。南アメリカ大陸の中では、唯一ポルトガル領であったブラジルではカカオ農園の開設が遅れていたが、一九世紀末には世界最大のカカオ豆の輸出国へと発展していた。一九〇〇年には、世界のカカオ豆の生産量の八〇パーセント強を、ブラジル、エクアドル、ベネズエラ、トリニダードの中南米諸国が占めるようになり、カカオ豆の産地地図は一変していた。

一八二四年にポルトガル人がガボンの沖合、ギニア湾に浮かぶサン・トメ島へカカオの木を移植し、アフリカの地にはじめてのカカオ農園を開いた。サン・トメ島のカカオの木は地元の労働者の手によってアフリカ大陸に持ち込まれ、カカオ豆の栽培はガーナからナイジェリアへと伝わり、一九〇五年までにはコートジボアールに達し、西アフリカ諸国が世界におけるカカオ豆の生産地として台頭するようになった。一九五一年までには、世界のカカオ豆の生産量の六〇パーセントが西アフリカ諸国で生産されるようになり、一方ブラジルも以前と同様にカカオ豆を輸出しているものの、アフリカ勢の伸びが著しいため、そのシェアは一七パーセントにまで落ち込んでいる。世界規模で膨らんできたカカオ豆の需要を、西アフリカ諸国が主になって満たしているのが現状である。二〇〇八年現在、カカオ豆の最大の生産国はコートジボアールであり、一国だけで世界の生産量の約三五パーセントを占め、アフリカ全体では世界の七〇パーセントを産出するまでになっている。現在のチョコレート産業はアフリカ諸国抜きでは成り立たない状況にある。

日本のチョコレート事情

江戸時代から、オランダとの貿易の窓口である長崎には南蛮船が来航していたので、かなり早い時期にチョコレートは日本に伝わってきたと考えられるが、正確なところはよくわかっていない。

豊臣秀吉や徳川家康がチョコレートを飲んでいたとしても、時代考証の上では何ら不思議ではないが、彼らが飲んだ南蛮渡来の飲み物としてはブドウ酒しか記録に残っていない。

チョコレートについて、寛政九年（一七九七）に書かれた史料が二つ見つかっているが、現在のところ、この二つが日本のチョコレートに関するもっとも古い記録である。長崎は丸山の遊女がオランダ人からもらった品物を記載してある『長崎《ながさき》寄合町《よりあいちょう》議事《ぎじ》書上《かきあげ》控帳《ひかえちょう》』がその一つであり、「こをひ（コーヒー）豆一箱、紅毛きせる一五本」などとともに「しょくらあと六つ」とある。「しょくらあと」とはもちろんチョコレートのことである。

もう一つの記録は廣川獬《カイ》の『長崎聞見録《ながさきぶんけんろく》』で、チョコレートの塊を「しょくらとを」と記している。「チョコレートは、西洋人が持ってきた腎薬で、お湯の中にチョコレートの塊を削って入れ、卵と砂糖を加え、茶筅《ちゃせん》で泡立てて服用すべし」という主旨が書かれており、このときに伝わってきたチョコレートは明らかに飲み物であり、また薬用に使われていたこともうかがえる。二つの記録が書かれた寛政九年の日本は鎖国下にあって、オランダ人以外の来航は許されていなかっ

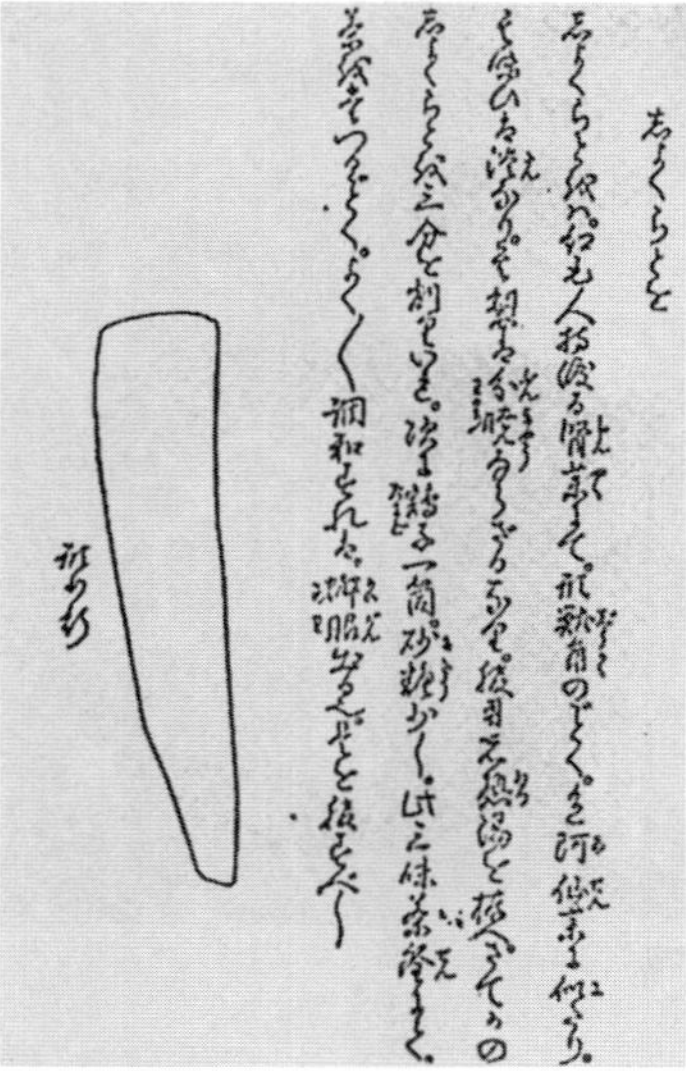

廣川獬『長崎聞見録』の中のチョコレートの項

米欧回覧使節団。大使岩倉具視（中央）と4人の副使

た。従って、チョコレートを日本に伝えたのはオランダ人であり、遅くとも一八世紀中にはチョコレートが伝わってきていたことは確かである。

食べるチョコレート、つまり菓子のチョコレートを最初に食べた日本人は誰か。嘉永五年（一八五二）に帰国したジョン万次郎がアメリカ滞在中に食べた可能性もゼロではないし、ペリーが嘉永六年に浦賀沖に停泊して日本に開国を迫った際に、土産物としてチョコレートを持参した可能性も考えられる。いろいろな可能性はあるものの、菓子のチョコレートを最初に口にした日本人についても、確かな記録は何も残っていない。

明治四年～六年（一八七一～七三）に派遣された、岩倉具視《ともみ》を団長にした米欧回覧使節団がフランスでチョコレート工場を見学したことが、その報告書である『米欧回覧実記《べいおうかいらんじっき》』に記されている。その中に「〈チョコレート〉ノ製作ハ、此場ニテ其豆ヲ熬《い》リテ粉末トナシ、沙糖ニ和シ、型ニ打込ミ、種種ノ形ヲ結成ス。其味香ニシテ、些《すこし》ノ苦味ヲ帯フ、……」と、チョコレートの作り方を説明するとともに香味についても触れているので、一行がこの旅行中に菓子のチョコレートを食べたことは間違いない。この記録が菓子のチョコレートについての日本最初の記録である。

明治一〇年(一八七七)、東京両国にあった米津凮月堂《よねづふうげつどう》が、日本で最初にチョコレートを造って売り出した。このチョコレートは輸入したチョコレート生地を再加工した商品で、カカオ豆から一貫生産する本格的なチョコレートとはほど遠いものであったが、早くも、この年の一一月一日の東京報知新聞に「新製猪口齢糖」と、チョコレートの広告が掲載されている。この当時は、都会を中心に文明開化の気風が溢れ、西洋から伝わってくるハイカラな服装や新しい食べ物がもてはやされていたが、チョコレートはそれまでの菓子とはまったく異なる味と香り、その上に独特の口ざわりのため、大衆に普及するまでには時間がかかった。チョコレートの味に人びとが慣れ親しむようになり、カカオ豆からチョコレートまで、日本で一貫生産がおこなわれるようになるのは、大正時代に入ってからのことであった。

3　チョコレートの健康効果は昔も今も

薬としても使われたアステカ時代

古くはマヤ文明やアステカ文明の時代においても、一六世紀にヨーロッパに伝わって以降も、常にチョコレートは高貴な飲み物と位置づけられると同時に、薬効を持っていると信じられてきた。それぞれの時代で、チョコレートのさまざまな効能がうたわれていたが、それらの効能の多くは、近代科学の評価に耐えられるものではない。一方で、近代になって生理学や栄養学が発達してくるとともに、従来は見過ごされていたカカオ豆の効能が次第に明らかにされてきている。

マヤ文明が残した絵文字を読み解くことによって、当時の社会や文化についてさまざまなことが明らかにされてきたが、マヤ族がカカオ豆の効能について、どのように考えていたかまでは明らかになっていない。一方、アステカ族については、彼らが使っていた絵文字の研究や、スペインの宣教師ベルナルディノ・サーグンがアステカ族について詳細に書き残した『フィレンツェ絵文書』などから、アステカ帝国が滅亡する前後の社会や生活について正確に知ることができる。

アステカ族の社会には重要な飲み物が二つあった。一つはリュウゼツランの樹液を発酵させて作る酒オクトリであり、もう一つはカカオ豆から作る飲み物チョコレートであった。老人などオクトリを飲むことを認められている階層があり、また祭りの際などオクトリを飲むＴＰＯも決まっていた。しかし、アステカ文明全体として見れば、飲酒は厳しく制限されている社会であった。酩酊は好ましいことではないと考えられており、酔っ払うことは多くの場合死刑に相当した。そのようなわけで、アステカの社会では、オクトリよりはチョコレートのほうが、上流階級や戦士たちにふさわしい飲み物であると考えられていた。

アステカ族を含めてメソアメリカで発達した文明では、チョコレートを飲んだ際の体に及ぼす効果を経験的に認めており、さまざまな病気の治療薬としてカカオ豆を使用していたことが記録に残されている。カカオ豆で作った飲み物は熱を下げるのに効くとされ、カカオ豆四粒とオルリというゴム一オンス（約二八グラム）を混ぜた飲み物は赤痢の治療に有効であると信じられていた。カカオ豆には毒消しの効果があるとも考えられており、朝チョコレートを飲んでおくとその日に蛇に咬まれても死ぬことはないとされていたし、カカオ豆の粉を練って傷口に塗っておけば傷はきれいに治るとも伝わっている。

　このほかにも、カカオ豆にさまざまな薬草を混ぜて、下痢止め、歯痛止め、利尿、強壮などの目的で飲まれており、また胃腸病、心臓病、肝臓病の治療にもカカオ豆が使われるなど、カカオ豆は広範囲に効き目のある薬として利用されていた。アステカの社会では、カカオ豆はいわば万能薬として認められていたようである。

伝来当初はヨーロッパでも薬扱い

　ほぼ同じ時期に伝わってきた三種の飲み物、チョコレート、茶、コーヒーはいずれも神経に作用する成分を含んでおり、ヨーロッパの人びとにとって、今まで経験したことのない神秘的な飲み物であった。茶やコーヒーを飲んだ場合には、カフェインによる覚醒作用を自覚したはずである。チョコレートにはカフェインはわずかしか含まれていないが、テオブロミンが一・〇〜一・五パーセントも含まれており、その効能が人びとの関心をひいたはずである。この物質は大脳皮質を刺激して思考力を高め、やる気を出させてくれるし、強壮作用や利尿作用などの薬効も持っている。カフェインやテオブロミンの作用のおかげで、チョコレート、茶、コーヒーの三飲料がヨーロッパに伝来した当時は、いずれも薬としての効能があると考えられていた。

アステカ族の医者は領土内に生えている数多くの植物の薬効について、経験的にではあったが豊富な知識を持っており、皇帝は所有している植物園に薬効のある植物を栽培させていたほどである。一方、この時代のヨーロッパの医術は、体液病理説というギリシャ時代に源を発する学説に基づいて組み立てられていた。つまり、人間の体内には血液、粘液、黄胆汁、黒胆汁の四つの体液があって、病気はこの四つの体液の不均衡によって発症するという論理が医学の基本になっていたのである。その上に、魔術や占星術などの科学的な根拠のない怪しげな行為まで医療に加わっていた。当時のヨーロッパの医術はまことにお粗末なものであり、アステカの医術はヨーロッパに比べてはるかに進歩したレベルにあった。

アステカにある数多くの薬草やその効能を調査するため、一五七〇年、スペイン国王フェリペ二世は王室つきの医師フランシスコ・エルナンデスに、新大陸への渡航を命令した。後にエルナンデスはその著書の中で、「チョコレートは暑い気候に飲むのに適し、また熱病に効果がある。……胃を温め、息をかぐわしくし……毒を消し、腸の痛みや疝痛《せんつう》を和らげる」と書いている（『チョコレートの歴史』）。

美食家として歴史に名を残すブリア・サバランは、チョコレートは健康的でかつおいしい飲み物であり、滋養があって消化もよいと評価した上で、「強壮剤、健胃剤、消化剤、肥満防止剤として役に立ち、竜涎香《りゅうぜんこう》（マッコウクジラから採れる香料。ジャコウに似た香りがする）を入れたチョコレートは頭脳を明晰にするための最高の回復薬」であると評価している。チョコレートがヨーロッパに伝わってから一九世紀の前半くらいまで、チョコレートは単に飲み物としてだけではなく、明らかに薬としての地位も保っていた。

チョコレートは、それぞれの時代で、強壮剤、健胃剤、消化剤、精神集中効果、媚薬《びやく》、そのほかにもさまざまな薬効がうたわれてきた。しかし、精神を興奮させて欲情をかきたてるという理由で、チョコレートは好ましくない飲み物であると主張する人たちもいたように、すべてが好ましい評価ばかりではなかった。

飲み物としてのチョコレートには薬効とは相反する暗い側面がつきまとっていた。その濃い味は毒物の味を隠すためには格好の飲み物でもあった。権謀術数が渦を巻いていたヨーロッパの政界や社交界では、チョコレートにまつわる毒殺のうわさ話が絶えることはなかった。一例をあげるなら、イエズス会を解散に追い込んだ教皇クレメンス一四世は、常に報復の影に怯えながら、一七七四年に死去しているが、遺体の状況から死因は毒入りのチョコレートを飲んだからだと、周囲の関係者すべてが信じていたという。

現代版チョコレートの健康効果

アステカの時代からチョコレートには健康効果がうたわれてきたが、本当に好ましい効果があるのだろうか。カカオ豆を学問の対象としている研究者たちが世界中から集まって、一九九五年に第一回目の「チョコレート・ココア国際栄養シンポジウム」が日本で開催されて以来、このシンポジウムは毎年開催されているが、その席上で多くの研究成果が発表され、カカオ豆あるいはチョコレートに備わっている健康効果が科学の手で次第に明らかにされてきている。

人間が生きていく上で欠かすことができないのが酸素である。体内に取り込まれた酸素のうちの数パーセントが不安定で攻撃的な酸素に変化して、本来の酸素そのものよりも活性が高くなる。これが活性酸素であり、細胞内にあるリン脂質を酸化して過酸化脂質に変化させ、この過酸化脂質が体内でいろいろな悪い働きをする。鉄も酸素によって酸化されるとサビとなり、やがてボロボロに崩れ落ちてしまう。火事によって家が焼け落ちるのも、木材が酸化されて灰や炭になってしまうからである。時と場合によるが、酸素による酸化作用にはそれほど強力な破壊力が秘められている。

活性酸素は体内で次々と細胞を傷つける。その結果、細胞の損傷が一定レベル以上になると、その組織がダメージを受けて、ガン、動脈硬化、糖尿病、胃潰瘍などの病気を引き起こすと考えられている。日本人の死亡原因の第一位はガンで、次いで心臓病、脳卒中の順であるが、多くの場合心臓病と脳卒中は動脈硬化が引き金になっている。つまり活性酸素によって引き起こされる病気が、日本人の死因の上位を独占している。しかも、残念なことに、活性酸素が怖いからといって、酸素を取り込むのを止めるために呼吸を止めてしまえば生きていけない。

現代の社会には、体内に取り入れた酸素を活性酸素に変化させる要因が多々存在している。そのいくつかを挙げれば、太陽光線中の紫外線、ストレス、自動車の排気ガス、喫煙、水道水の殺菌に使われる塩素、激しい運動などがあり、日常生活を営む上で、避けて通ることの難しい要因が並ぶ。

すべての生き物の体内には、活性酸素の働きを抑える抗酸化酵素を作り出す仕組みがもともと備わっている。しかし、現代の社会のように活性酸素を発生させる要因が多くなると、体内で作られる抗酸化酵素だけでは不足を来《きた》す場合が出てくるので、ビタミンC、ビタミンE、ベータ・カロチンなど、抗酸化力のある栄養素を摂取することが好ましいとされている。これらの抗酸化物質の中でも、ポリフェノールは抗酸化能力が高いことで注目を集め、世界中でポリフェノールの研究が進められている。

植物は太陽の光を受け、光合成によってブドウ糖を作って成長するので、当然のことながら紫外線を大量に浴びている。しかし、動物のように日陰に逃げ込んで太陽光線を避けることのできない植物は、紫外線によって生じる活性酸素の悪い影響を減らすため、自ら抗酸化物質であるポリフェノール、ビタミンC、ビタミンEなどを作り出して、体内に貯えている。ポリフェノールはすべての植物に含まれているが、最近では赤ワインやチョコレートのポリフェノールがマスコミに取り上げられて有名になった。

チョコレートを食べたときに感じるほのかな苦味、これがチョコレートに含まれているポリフェノールの味である。一〇〇グラムの板チョコの中にはポリフェノールが約〇・八グラムも含まれており、しかも赤ワインやお茶のポリフェノールよりも体内に吸収されやすいことも明らかにされている。活性酸素の影響を抑えて、体を健康な状態に維持するためには、一枚のチョコレートや一杯のココアが有力な武器となるであろう。

チョコレート＝肥満のウソ

チョコレートはポリフェノールを含んでおり、活性酸素の働きを阻害するので、健康によい食べものであることは、最近の研究からも明らかである。しかし、「確かに食べれば美味しいけれど、カロリーが高くて、肥満の原因になるのでは」というイメージが常にチョコレートにつきまとっている。若い女性の場合には、「美味しいので食べたい」という気持ちと「太りたくない」という気持ちが、複雑に錯綜している場合が多い。食べると本当に太ってしまうほど、チョコレートはそんなにカロリーが高いのであろうか？

アメリカのハーシー研究所でのラットを使った研究によると、チョコレートの脂肪分であるカカオバターは、体内で吸収される率が低くて、摂取しても太りにくいタイプの脂肪であることが明らかにされた。昭和女子大学大学院の木村修一前教授によると、ラットとチョコレートを使った実験では、「ラットが実際に摂取したエネルギーの量は、チョコレートの成分から計算したエネルギー量の七〇～八〇パーセントにしかならない」と報告されている。現代の栄養学では脂肪一グラムのエネルギー量は九キロカロリーとされているが、木村教授の実験結果からは、カカオバターについては一グラム当り六・五キロカロリーとして計算すればよいのではないかと推測できる。

糖質とタンパク質は従来通りに一グラム当り四キロカロリーとし、脂肪分については一グラム当り六・五キロカロリーの価を使い、食品標準成分表に掲載されているミルクチョコレートの成分からエネルギーを計算すると、一〇〇グラム当りのエネルギー量は四六六キロカロリーになる。「日本食品標準成分表二〇一〇」に掲載されているミルクチョコレート一〇〇グラム当りのエネルギー量五五三キロカロリーよりも、およそ一〇〇キロカロリーも低い値である。この一〇〇グラム当り四六六キロカロリーという値を、ほかの菓子と比較すると、キャンディ類よりは若干多いが、クッキー類に比べればおよそ一割前後も低く、揚げせんべいとほぼ同じ値である。チョコレートは「カロリーが高くて、太りやすいお菓子」と、不当なラベルを貼られる筋合のない菓子といえよう。

第四章

世界の調味料になったトウガラシ

1　辛味の発信基地はメキシコ

最初にトウガラシを食べた人

一般的にいって、植物の可食部分はコメやダイズなどの種子類、イモ類、果実類が主であり、植物が栄養分を蓄えている部分を人間が食べている。種子類とイモ類は、子孫を残すために栄養分を蓄えている部分を人間や動物に食べられてしまっては都合が悪いので、イネ科の穀類以外は動物にとって有害な物質を含んでいるのが普通である。一方、果実の場合、子孫を残すためには動物に食べてもらうことが大切である。動物の目につきやすいように赤く熟した果実は、動物に対して今が食べ頃であることを伝えるための情報である。熟した果実を食べてもらい、動物の体内に入った種子を遠く離れた土地まで運んでもらって、肥料となる糞とともに地上に戻してもらう。自らは動くことのできない植物が、広い地域に子孫を残していくために備えている巧みな仕組みである。

赤く色づいたトウガラシの果実にも、遠くへ運んでもらうために種子が入っているが、同時に強烈な辛味のもとであるカプサイシンも含まれている。動物がトウガラシを口にした瞬間、カプサイシンは口内に強烈な衝撃を与える。確かに口の中は火事のようになるが、食べた動物の健康を損なうことも、命に関わることもなく、三〇分もすれば口内の火事は自然に収まる。

新大陸の先住民は、どのような経緯の中で、トウガラシの衝撃的な辛味を食生活の中に取り入れるようになったのであろうか。彼らはトウガラシの危険信号である辛味を食事の中に巧みに取り込んで、豊かな食文化を生み出してきた。

紀元前八〇〇〇年〜七〇〇〇年の昔、人間がトウガラシと接触しはじめた頃は、食用ではなく宗教上の儀式や、現代の行事にたとえるなら誕生祝や七五三、成人式のような、人生の通過儀礼の際にトウガラシが使われていたと推定されている。そのような行事の際に裏方で働く人たちは、トウガラシの粉末が手についたままで食事をする機会が少なくなかったはずである。当時の新大陸では食事に際しては、箸やフォークなどの食具はあるはずもなく、食べ物はすべて手でつかんで口に運んでいた。トウモロコシやジャガイモなどに塩味という単調な食事の中で、手についたわずかなトウガラシがもたらす辛味が食欲を増進させることに、人びとは気づいたはずである。こうして、デンプン質を中心とした食事の中に、トウガラシが調味料として入り込んできたと考えられている。

トウガラシの種子を運ぶ鳥類

あの激しい辛味を持ったトウガラシの果実をどんな動物が食べ、種子を遠方まで運んでくれているのだろうか。自然界では、サルやシカなどの野生動物さえもトウガラシを見ると避けて通るという。動物たちがトウガラシの辛味を恐れて寄りつかないとすれば、トウガラシはせっかく赤く熟した実をつけても、食べてもらうことができなければ、種子を遠くへ運んでもらえない。

江戸時代の百科事典である『和漢三才図会《わかんさんさいずえ》』（正徳二年〔一七一二〕頃完成）には、「小鳥の病をよく治す。かごの中に養う者は或いは腫《は》れ或いは糞を閉ず、餌を啄《ついば》まざる者は急に蕃椒《ばんしょう》（トウガラシのこと）を用い刻み、水に浸してその水を飲ましむれば、則活す。しばしばこれを試み有効」と書いてある。小鳥はトウガラシを浸しておいた水を飲むことに抵抗がないようで、江戸時代にはトウガラシが小鳥の病気の治療薬として使われていたことがわかる。

宝永六年（一七〇九）に刊行された『大和本草《やまとほんぞう》』は一三六二種に及ぶ薬用植物の解説書であるが、その中でトウガラシについて「蕃椒を諸鳥好んで食う、鶏など甚《はなは》だ好む、諸鳥の薬なりという」と解説している。トウガラシは鳥の薬になるだけではなく、ニワトリにいたっては好んでトウガラシをついばむというのである。

『トウガラシの文化誌』では、「鳥は完全に無感覚だ。わたしたちは、鳥に二パーセントのカプサイシン溶液をあたえた。それが溶解度の限界だ。人なら死ぬよ。だが、鳥は喜んで飲むんだ」と、ペンシルベニア大学の研究員メイソンの談話を紹介している。日本人の場合、カプサイシンの辛味を感じる濃度は一五～二〇ppm（一ppmは一万分の一パーセント）と、かなりうすい濃度でも辛味を感じる。この濃度に比べると二パーセントの溶液は一〇〇〇倍に相当する濃度であり、人間の味覚からすればとてつもなく濃い、激辛のはるか上をいく溶液であり、「人なら死ぬよ」という言葉が真実味をもって聞こえる。死ぬことはないかもしれないが、その強烈な衝撃に耐えかねてのたうち回ることであろう。ところが、『和漢三才図会』や『大和本草』に書かれている通り、トウガラシの辛味成分であるカプサイシンの辛味に対して、鳥類はまったく反応を示すことはない。メキシコでもアンデスでも、ニワトリと同様に、鳥類が赤く色づいたトウガラシの果実を好んでついばみ、その種子を遠くまで運び、あちこちで糞と一緒に種子を地上に撒いてくれていたのである。

トウガラシの原産地はどこか

トウガラシは本書で取り上げるジャガイモ、タバコ、それ以外にもトマトなどと同じように中南米が原産地で、いずれもナス科に属する植物である。この四つのナス科の植物はヨーロッパ人の手によって世界中へと伝わっていった。そして伝わっていった先々の地に根をおろし、短期間のうちにその土地の食事の中に調味料として取り入れられ、食習慣や人びとの嗜好を変え、また日々の食生活を豊かにしてくれるなど、トウガラシは世界中の食文化に大きな影響を及ぼしてきた。

考古学的に見て、トウガラシはインゲンマメなどとともに新大陸でもっとも古くから栽培され、利用されてきた作物の一つと考えられている。ペルーのアンデス山地では、紀元前八〇〇〇〜七五〇〇年頃に、トウガラシが栽培されており、古くから農耕が始まった地域の一つであるメキシコでも、紀元前七〇〇〇年にはトウモロコシが利用されていたことが知られている。遺跡からの出土品の中に、農耕の神と一緒にトウガラシが描かれている土器があるし、中南米にはトウガラシに儀礼上大切な役割を持たせている先住民が、現在も昔ながらの伝統を守って生活している。人間との関わりが生じた頃のトウガラシは、必ずしも食用に利用されていたとは限らない。

どこでトウガラシの栽培が始まったかについて詳しいことはわかっていない。世界中で栽培されているトウガラシの種類は数え切れないほど多いが、分類学の上では四つの種のいずれかに属している。四つの種はそれぞれ別の場所に住んでいた先住民が、栽培しはじめた可能性が大きい。現在でも栽培されている四種のトウガラシのうちの三種は、南米大陸のごく限られた地域でしか見ることができない。一つは寒冷な気候にも強く、もっぱらアンデスの高地で見かける種で、ロコトと呼ばれている。アンデス山地での主なエネルギー源はジャガイモであるが、ジャガイモを中心にした単調な食生活の中では、ロコトがもたらしてくれる辛味は欠かせない調味料である。生のロコトをナイフで薄く切って、ふかしたジャガイモにのせて食べ、あるいはロコトと岩塩を一緒に石臼ですりつぶして、ジャガイモの味つけに利用している。二つ目のトウガラシは南米大陸の中でも南のほうで栽培されており、三つ目の種はもっぱらアマゾン流域で消費されている。ロコトをはじめとして、三種のトウガラシは、ついに原産地周辺から外部へと伝わっていくことはなかった。

アンデス高地でのみ食べられているロコト種のトウガラシ（©JUN TAKANO / SEBUN PHOTO / amanaimages）

世界を制したメキシコ産のトウガラシ

残る一種はメキシコが原産のトウガラシで、コロンブスが新大陸に到着した頃には、中央アメリカ一帯で広く栽培されていた。学名はカプシカム・アンヌーム（Capsicum annuum）と名づけられている。このアンヌーム種のトウガラシには品種が多く、メキシコで栽培されているだけでも数百に上る。先住民が多く住んでいる土地の市場に行くと、さまざまな大きさや形のトウガラシが並んでいる。果実の長さが一センチメートル足らずのものから、大きいものでは二〇センチメートルにもなるトウガラシもあり、色も赤色と緑色だけではなく、黄色、オレンジ、紫色などと多彩である上に、品種によって辛さの程度もさまざまである。彼らは料理によって、数多くの種類の中から、料理に合うトウガラシを選んで使い分けをしている。

メキシコ一帯を領土としていたアステカ族は、摂取するエネルギーの九〇パーセントをトウモロコシとインゲンマメなどのマメ類に頼っていた。主食がトウモロコシの食事に変化を与えてくれるのがトウガラシであった。トウガラシとトマトをすりつぶして、そこにアボカドの果肉や芳香のある草などを適宜加えて、「モレ」と呼ばれるソースを作る。このモレを主食のトウモロコシ料理にかけたり、あるいはトウモロコシ料理をモレにつけたりして食べていた。

世界各地で栽培されているトウガラシは、辛味種であれ甘味種であれ、すべてメキシコが原産のアンヌーム種の仲間である。熱帯から温帯までの広い地域で、伝わっていった先々の気候や風土に適応するとともに、土地の住民による選別を受けて、タカノツメやタバスコなどの辛味種のトウガラシから、ハンガリー産のパプリカや辛味がまったくないピーマン、シシトウまで、数多くの品種が存在している。

トウガラシには大きさや色、形、辛味など、とても同一の種に属するとは思えないほどの変異種があって、品種の数も今では二〇〇〇以上に上るといわれているが、このアンヌーム種の仲間には共通点がある。滑らかで光沢のある厚手の果皮を持っていることと、果実の中には果肉がなくて空洞になっていること、その空洞内には数十粒の種子が入っていることの三点である。

多数の品種のトウガラシが、アンヌーム種という一つの種から変異したものであることは簡単に証明できる。各地から採取してきた、見かけのまったく異なるトウガラシを一ヶ所に集め、互いに交配することのないように配慮しながら栽培を続けると、最初のうちこそ異なったタイプのままで成育するが、世代を重ねるごとに品種間の差が少なくなってきて、さらに栽培を続けると同一種の集団になってしまうという。見方を変えれば、気候風土の違いと人による選別がトウガラシに変異を引き起こし、現在の二〇〇〇以上もの品種へと分化してきたことの証明である。

ヨーロッパの食卓の抵抗

新大陸の中でも、地域によってトウガラシの呼び名は異なっていた。インカの人びとはアヒーと呼び、その呼び名は中米とカリブ海域一帯から南米大陸の一部にまで、広い範囲で使われている。一方、アステカ帝国での呼び名はチリで、今でもメキシコではチリという呼び名が使われている。

辛味がきついトウガラシをチリまたはチリ・ペッパーと呼ぶこともあるが、決して南米のチリ共和国がトウガラシの原産国であるということではない。

『コロンブス航海誌』には、一四九二年一一月四日の項に「さらにまたそのインディオは、くるみのような形をした赤いものをもっていた」と、アヒーとの最初の出会いについて書き残している。この日がトウガラシとヨーロッパのはじめての出会いの日であった。さらに翌年の一月一五日の項ではトウガラシについて次のように述べ、イスパニョーラ島では船単位での積出しが可能なほどにトウガラシが栽培されていたことを示唆している。

また彼らのこしょうであるアヒーもたくさんあるが、これは胡椒よりももっと大切な役割を果しており、これなしで食事する者は誰もいない。彼らは、非常に健康によいものだと考えているのである、これは、年間カラベラ船（当時ヨーロッパで使われていた四〇～五〇トン規模の小型快速船のこと）五十隻分を、このエスパニョーラ島から積出すことができるだろう。

「コロンブスはコーカサスのコショウよりも辛く、種類も多く、色とりどりのコショウをスペインに持ち帰った」と、ピーター・マールタルが書き残したのが一四九三年九月のことで（『香辛料4』）、コロンブスが新大陸の探索を目指して第二回目の出港をしたのも同年の九月であるから、最初の航海の際に、コロンブスの一行がトウガラシをスペインに持ち帰っていたことは確かである。

彼は第二回目の航海の際にも、途中でトウガラシを本国へと送り出しているが、受け取った商人たちの評価は、「コショウの風味に欠けている」と芳《かんば》しいものではなかった。当時のヨーロッパの人びとが新大陸に求めていたものの一つは、コショウあるいはその代替品であった。辛味だけがきわだって、風味に欠けるトウガラシは、その期待にこたえられるものではなかった。

コロンブス自身も、トウガラシの価値を理解することのないままこの世を去ったが、調味料としてのトウガラシはこの後も長い間、ヨーロッパでは無視され続けていた。その時期のヨーロッパでは、赤い実を見て楽しむための鑑賞用の植物として、トウガラシは栽培されているにすぎなかった。

強大な勢力を誇っていたナポレオン一世は、ヨーロッパ大陸諸国とイギリスの通商を禁止することによって、イギリスを経済的に封鎖しようともくろみ、一八〇六～〇七年に大陸封鎖令を発した。その結果、スパイス類を含めアジアの物産を一手に扱っていたイギリス東インド会社との交易が途絶えてしまい、大陸諸国ではコショウなどの香辛料を手に入れることが難しくなった。それまでは、トウガラシはコショウを買えない貧しい人たちの香辛料として見下されていたが、大陸封鎖をきっかけに上流階級の食卓にも上るようになり、トウガラシはようやくヨーロッパで香辛料として認知されることになった。

2　トウガラシを受け入れた国

トウガラシを広めたのはポルトガル人

『植物誌』（一五四二年刊）の中で、レオンハルト・フックスは「カリカット・ペッパー（カリカットはインド西海岸にある都市名、現コジコード）の名で示されるトウガラシは、ほんの数年前にインドからドイツへ持ち込まれたもので、まだほとんど広がっていない」と述べている。この頃から、トウガラシがヨーロッパの植物誌に取り上げられるようになるが、いずれもインド・ペッパー、カリカット・ペッパー、あるいはトルコ・ペッパーなど、あたかもアジアが原産地であるかのような名前で呼ばれていた。イギリスでは西アフリカの地名をとってギニア・ペッパーとも呼ばれていた。これらの呼び名が誤解から生じたものであることは明らかであるが、この誤解によって、トウガラシがどのようにしてヨーロッパで食卓に受け入れられるようになったかの経緯がわかる。

トルデシリャスの条約によって、ポルトガルとスペインの勢力圏が定まったことは先にも述べた。ポルトガルはアジアとアフリカに数多くの交易拠点を設けることになったが、トウガラシの原産地であるメキシコはスペインの支配下にあり、トウガラシの交易に手を出すことはできなかった。一方、トウガラシの原産地である中南米を支配するスペインは、不利な海戦を覚悟の上でなければ、ポルトガルの勢力圏下にあるアジアやアフリカへトウガラシを運ぶことはできない。このような両国の力関係の下では、アジアやアフリカにトウガラシが伝わってくるのは、本来ならかなり後の時代になったはずである。

トルデシリャスの境界線がその領土上を通過している関係で、南アメリカ大陸の中で唯一ポルトガルの勢力圏にあったのがブラジルである。その東海岸にある交易の拠点ペルナンブコ（現在のレシフェ市）で、偶然にもポルトガル人はアンヌーム種のトウガラシが栽培されているのに出会った。彼らはそのトウガラシをまずアフリカの西海岸に根づかせ、さらに喜望峰をまわってインドへと伝えた。トウガラシは、ポルトガル人の手によって、ヨーロッパを経由することなく、ブラジルから直接アフリカとアジアに伝わり、それぞれの地で短期間のうちに食生活に取り込まれることになった。コロンブスがトウガラシを目にしてからわずか半世紀後の十六世紀半ばには、はるか極東の地である日本にまで伝わってきていた。各地の食文化を豊かにしてくれたトウガラシの伝播に貢献したのは、原産地を支配していたスペイン人ではなくポルトガル人だったのである。

1605年に描かれたアンヌーム種のトウガラシの挿絵

ヨーロッパで観賞用の植物として栽培されている間に、トウガラシはいち早くアジアやアフリカの食事の中に取り込まれ、食生活にいろどりを添えるようになっていった。トウガラシの辛味を生かす食文化がアジアやアフリカからヨーロッパに伝わってきたため、インド・ペッパーあるいはギニア・ペッパーなどと呼ばれることになったのである。

単調な食生活のアクセントに

東アジアの食事を調べていると、キムチをはじめとして料理が真っ赤に見えるくらいに、トウガラシをふんだんに使った料理に出会うことも珍しくない。また朝鮮半島でもインドでも、トウガラシは日常の食事には欠かすことのできない調味料になっており、料理に際しては大量に使われるのが普通である。トウガラシの故郷である中南米諸国でも、当然のことながらトウガラシ抜きの食事は考えられない。このような世界の辛味文化の常識から眺めると、明治時代を迎えるまで、七味唐辛子以外にはトウガラシを食卓に上らせなかった日本の食文化は、世界の中でも珍しい存在であったといえるであろう。辛味に関しては特異な食文化を持つ日本人には信じがたいことかもしれないが、トウガラシ抜きの食事は考えられないという民族はけっこう多い。これらの民族にとって、トウガラシは香辛料の域を超えて、日本人にとっての味噌や醤油のように、基礎的な調味料として定着している。

古今東西を通じて、世界的に共通する食生活の傾向がある。どこの国でも地域でも、そしていつの時代でも、富裕な階級に属していて豊かな食事を楽しむことができる人たちは、食事の中で肉や魚など動物性のタンパク質の占める割合が多い。反対に、生活に追われている貧しい人びとはエネルギー源とする穀類やイモ類のデンプン質中心の食事に頼ることになり、動物性タンパク質を口にする機会は少なく、おかずとして主に野菜を食べるのが普通である。

それ自身に甘みがあるサツマイモやカボチャを別にすれば、アミノ酸のうま味が自然に備わっている肉や魚に比べると、野菜にはうま味が欠けている。肉や魚は塩を振って焼くだけでも十分に美味しく食べることができるが、野菜を塩で煮ただけでは美味しくはならない。カツオブシやコンブのだしを使ったり、醤油やスープの素のようにアミノ酸のうま味を加えたり、あるいはインド料理のように香辛料によって味つけをするなど、塩味以外の調味料の力を借りないと、野菜を美味しく食べることはできないのが普通である。

一般的にいって、貧しい人たちは体を動かす仕事についている場合が多く、食べるデンプン質の量も労働の量に比例して多くなる。デンプン質を主体にして野菜料理を添えるという、単調な食卓にアクセントをつけてくれるのがトウガラシであった。トウガラシは食欲を増進させてくれる上に、コショウに比べれば値段ははるかに安く、貧しい人たちでも食卓にのせることができる有難い調味料である。デンプン質の食料への依存度が高かったアジアやアフリカの多くの国々では、短時日のうちにトウガラシは貧しい人たちの食生活に取り込まれ、あっというまに現地の料理にとけ込んでいった。現在、アジアとアフリカの多くの国々では、もはやトウガラシ抜きの食卓は考えられなくなっている。

アジアとアフリカでの普及は速かった

幸いなことにアジアでもアフリカでも、トウガラシの栽培に適する気候条件の土地が多い。これらの土地の住人たちは、以前からコショウ、ショウガ、マスタードなどの香辛料を使っており、辛い味には慣れていた。そこへ辛味がより鮮明なトウガラシが伝わってきた。鮮烈な辛味が特徴のトウガラシはほどなく人びとに好まれるようになり、昔から使われてきた辛味調味料のうち、いくつかは食卓から姿を消してしまったことであろう。辛味への慣れに加えて、どこでも栽培できるという特性もあって、トウガラシは伝わっていった先々で、土地の料理に欠かせない調味料として受け入れられていった。

コショウ、カラシ、ショウガなど古くから使われている香辛料には、トウガラシほどの辛さがない。トウガラシが食文化に溶け込む以前、コショウやショウガの辛味を利用していたインド料理の味は、今ほど辛くなかっただけではなく、かなり違った風味をしていたに違いない。同じことは、コショウやサンショウを使ってキムチを漬け込んでいた、朝鮮半島の料理全体についてもいえる。朝鮮半島の辛い料理もインドのスパイスがたっぷりと利いた料理も、トウガラシを料理の中に取り込んだことによって、現在の食文化の形が定まったのである。

一六世紀の前半までには、アフリカでもサハラ砂漠より南の地域で、トウガラシが栽培されるようになっていた。ピリピリという誰にでもわかりやすい呼び名は、西アフリカの広い地域で使われているだけでなく、東アフリカでも通じる言葉である。トウガラシをベースにして、それぞれの地域で独特のソースが生まれ、それらのソースやトウガラシの粉は、またたくまに食生活に欠かせない調味料となっていった。

アフリカの平均的な家庭が間違いなく常備している調味料といえば、塩とトウガラシの粉とトマトの三品で、トマトは触ればバリバリと崩れてしまう乾燥トマトか、トマトの大型缶詰が使われる。『世界を変えた野菜読本』によると、「トウガラシ」と「トマト」という新大陸が原産の二つの作物は、新大陸で栽培されていた当時から相性がよかったようで、アステカ族もトマトとトウガラシで辛味の強いソースを作り、好んで食べていたことが、『フィレンツェ絵文書』に記載されている。

アラブ料理でもトマトとトウガラシを基本にしたソースを使うことが多い。チュニジアからアルジェリアを経てモロッコに至る北アフリカ一帯でも、主な調味料は塩と乾燥トマトとトウガラシである。塩とトマトとトウガラシでヒツジやラクダの肉を煮込んだシチューは、現在でもこの地域では最高のご馳走の一つに数えられている。

国内伝播に時間がかかった中国大陸

一口に中華料理といっても、国土が広い中国では地域によって料理の味が大きく異なっている。それぞれの地域による味の特徴を表すのに、「東酸《サン》、西辣《ラー》、南甜《テン》、北鹹《カン》」という言葉がある。つまり、東の料理には酸味が利いており、辣油の辣が示す通り西の料理の特徴は辛味であり、南の料理は甘味が強く、北の料理では塩味が効いている。中国料理を大ぐくりで分類すると、北京料理、上海料理、広東料理、四川料理の四つに分けるのが一般的な分け方であろう。この中で特徴がいちばんはっきりとしているのが、中国南西部を代表する四川料理であって、「西辣」と表現される通り、辛味と酸味がバランスよく利いている料理である。

中国にトウガラシが伝わってきた時期は明（一三六八～一六四四）の末期であるとする史料が多い。一五一六年には早くもポルトガル人はマカオに到着しており、一六世紀の早い時期に、ポルトガル人が中国大陸の沿岸部と関わりを持ったことは確かである。また、十六世紀半ばには日本にもトウガラシが伝わっていたことを考えると、明の後期よりはだいぶ早く、一六世紀の早い時期に、中国大陸の沿岸部にはトウガラシが伝わっていたと考えられる。そのトウガラシが四川省や雲南省などの中国南西部に伝わり、昔からカラシやサンショウなどの辛味を好んで使っていたこの地域に溶けこみ、西辣となって定着し、一八世紀が終わる頃には、この地の人びとにとって、日常の食事に欠かせない調味料になっていた。

広い中国の国土では、沿岸部や四川省にトウガラシが伝わってきても、その情報がなかなか都へは伝わらなかったであろうことは想像に難くない。中国の本草書としてはもっとも完成度が高いとされている『本草綱目《ほんぞうこうもく》』には、トウガラシのことは一切取り上げられていない。この本の原稿が書き上げられた一五七八年まで、明の都であった北京にはトウガラシの情報がまったく伝わっていなかったと推測できる。元禄一〇年（一六九七）に日本で刊行された『本朝食鑑《ほんちょうしょっかん》』のトウガラシの項にも、「これ（トウガラシ）については、華書には詳しくない」とあり、明の後期になっても、都である北京まではトウガラシが伝わっていなかったことを推測させる記述がある。

中国の書物にトウガラシについての記述が現れるのは、清の時代に入った一六八八年に刊行された『秘伝花鏡』であって、「蕃椒（トウガラシのこと）、一名海風藤、俗名辣茄」との記述が見られる。北京をはじめとする黄河流域で、トウガラシが使われるようになったのは一九世紀以降のことと考えられている。

国外持ち出し厳禁のパプリカの種子

ハンガリー、ルーマニア、ブルガリア、セルビアなどの多くの国がひしめいているバルカン半島は、一六〜一七世紀にかけてオスマン・トルコの勢力下にあった。当時、オスマン・トルコは最盛期を迎えており、東はバグダッドから西はアフリカの地中海沿いにチュニジアまで、その勢力圏を広げていた。アジアへ進出したオスマン・トルコはカリカット・ペッパーと呼ばれていたトウガラシに出会い、このトウガラシは広大な帝国全土へと伝わっていき、ハンガリーの地にも根を下ろした。もともと「パプリカ」とはハンガリー語でコショウを意味する言葉であり、古い時代のハンガリーでトウガラシは「トルコのパプリカ」、あるいは「異教徒のパプリカ」と呼ばれている。このことは、トウガラシがイスラム教の国トルコを経由してハンガリーへ伝わってきたことを示唆している。ヨーロッパの食卓はトウガラシをなかなか受け入れようとしなかったが、その中で最初にトウガラシを食文化に取り入れた国がハンガリーであった。

トウガラシを大別すると、甘味種と辛味種の二種類に分けることができる。日本でも野菜としてなじみの深いピーマンやシシトウなどは甘味種の仲間である。ハンガリーの代表的な郷土料理であるグラーシュをはじめとして、ハンガリー料理にいろどりと独特の香味を添えてくれるパプリカも甘味種の一つである。このほどよい辛味を持った赤いトウガラシの粉は、多くの人たちに愛用されており、ハンガリーから世界中に輸出されている。

ハンガリーの農学者エルノ・オペルマイヤーが交配と選別を繰り返して、一九四五年にマイルドな味わいがあるパプリカの新品種を生み出した。品種改良がおこなわれる以前は、出来上がったパプリカ粉末の辛味をやわらげるために、収穫したパプリカの果実から、辛味成分が集中しているワタの部分を人手で取り除かなければならなかったが、新品種の普及が進むとともにそのような作業風景は姿を消していった。この新品種のおかげで、現在でもハンガリーのパプリカ産業は繁栄を保っている。産業を保護するため、農務省はパプリカの種子を厳しく管理しており、部外者がこの種子を手に入れることは、国家機密を盗むのに匹敵する罪に当たるという。

二〇〇年は遅れているアメリカの食卓

アメリカでもカリフォルニアやニューメキシコなど、かつてはメキシコの領土であった南西部では、一七世紀末には料理にトウガラシを使うようになっていた。しかし、アメリカの多くの地域では、かつてのヨーロッパがそうであったように、つい最近まで香辛料としてのトウガラシに対する評価は低かった。トウガラシ粉を使ったスパイス・ミックスの一つであるチリ・パウダー以外には、辛いトウガラシは見向きもされなかった。

一方、甘味種であるベル・ペッパーは野菜としてサラダの材料に使われるし、コメと肉を詰めて焼き上げるスタッフド・ピーマンもアメリカ人にはなじみ深い一品である。アメリカでは、トウガラシ類の総生産量の約六〇パーセントを甘味種のベル・ペッパーが占めている。このほかにも辛くないトウガラシにはピーマンがあり、ベル・ペッパーに次いで大量に栽培されている。アメリカにもトウガラシは根を下ろしたが、そこで使われているのは辛味のない、甘味種のトウガラシが主体であった。

アメリカ人がよく使うチリ・パウダーとは、トウガラシ粉にオレガノ、クミン、ガーリックなど数種の香辛料を混ぜた混合スパイスのことである。トウガラシを使い慣れていないアメリカ人でも使いやすいように、トウガラシの辛味はマイルドに調整されている。チリ・パウダーで煮込んだ肉に煮豆を添えて食べるチリ・コン・カルネ、肉や魚をトウモロコシの練粉で包んでから蒸したタマーレスにつけるソースの味つけなど、メキシコ系の料理を作る際に、トウガラシを使い慣れていないアメリカ人にとって、チリ・パウダーは欠かせない調味料である。チリ・パウダーを使用しているとはいうものの、アメリカ人にとってのエスニック料理を作る際にしか使っていないのが実態である。

アメリカにはもう一つトウガラシをベースにした有名な調味料がある。辛味種であるタバスコ・ペッパーをすり潰して岩塩と穀物酢を加え、長期間熟成させて作るタバスコ・ソースである。見た目には薄めたトマトソースのような液体であるが、ピリッとした刺激的な辛味が特徴のタバスコ・ソースは、ルイジアナ州にあるマキルヘニー社でほぼ独占的に造られて、世界中に送り出されている。日本では主としてピザやパスタなどを食べる際に使われるが、アメリカでは主にステーキソース、バーベキューソース、マヨネーズなどの味つけに使われている。また、オイスター・バーの定番ソースにもなっていて、あまり辛味を好まない人でも、オイスターにタバスコ・ソースを一、二滴振りかけて食べることは珍しくない。

最近になってようやく、トウガラシを使ったメキシコやアメリカ南西部の辛い料理が、アメリカ国内各地のレストランのメニューにものるようになってきた。またアジアやアフリカからの移住者たちが持ち込んだ辛味の食文化も、アメリカ社会に影響を及ぼしはじめている。今、アメリカ人はヨーロッパ人に遅れること二〇〇年、ようやく辛いトウガラシを食文化の中に取り入れはじめたところである。

3 日本の食文化を変えたトウガラシ

トウガラシ以前の日本の辛味文化

日本でも古くから薬味や吸い口として香辛料が使われている。煮物、焼き物、あえ物などのように形のある食べものに添える香辛料を薬味と呼び、汁物など液状の料理に浮かべるのが吸い口である。薬味や吸い口は料理の脇役であって、出来上がった料理の味や香りを引き立てるために使われる。

薬味や吸い口に使う香辛料があるとはいうものの、日本の料理くらいスパイス類と縁が薄かった料理も珍しい。江戸時代に入ってからワサビが使われるようになったが、古くから使われている香辛料といえば、ネギ、セリ、シソ、ミョウガ、ミツバなどが主で、これらはときには野菜として使われる場合もあり、香辛料と野菜のいずれに属するかがはっきりしないものが少なくない。ダイコンは野菜として使われることが多いが、天つゆに入れるダイコンおろしは立派な薬味である。ネギもまた納豆に入れれば薬味であり、刻んで吸い物に浮かべれば吸い口となり、ワカメと一緒に酢味噌であえるときは野菜である。日本の食文化では、ワサビ、サンショウ、ショウガを除くと、刺激がそれほど強くない香味野菜を選んで、薬味や吸い口として使ってきた。

日本料理のように、魚と野菜を主材料として、しかも素材の鮮度を大切にする料理では、素材に備わっている味にわずかな手を加えるだけで、十分に美味しく料理することができる。その技が料理人の腕の見せどころでもあった。言い方を変えるならば、素材の味を生かすために、味つけや香りづけはできるだけ控えめにすることが好ましいのである。このような食文化の背景があるので、味や香りが強烈なスパイス類は日本の料理体系になかなか入り込めなかった。正倉院の御物《ぎょぶつ》の中にコショウがあることからもわかるように、古くからスパイス類は日本にも伝わってきていたが、料理にはほとんど使われることがなく、もっぱら漢方薬として使われてきた。

どこから日本に伝わってきたのか

トウガラシが日本に渡来した時期についてはいくつかの説があるが、その中でもっとも古くに伝わったとしているのは、天保三年（一八三二）に刊行された『草木六部耕種法《そうもくろくぶこうしゅほう》』で、「ブラジル国より生じたる物にて、天文一一年（一五四二）にポルトガル人が持ってきた、（中略）故に西洋人はこの物を「ブラシリペイプル」と名づけ、「ペイプル」は辛き実の意味である」と書かれている。ヨーロッパ人が日本に最初に到来したのは、ポルトガル船が種子島《たねがしま》に漂着して鉄砲を伝えた年とされており、天文一二年（一五四三）のことである。『草木六部耕種法』に記載の年との間に一年の差があるが、いずれにしても、この頃にトウガラシが日本に伝わったとするのが伝来説としてはもっとも古い。

天文二一年（一五五二）にポルトガルの宣教師バルタザール・ガゴが豊後《ぶんご》（現在の大分県）を訪れて、領主であった大友宗麟《おおともそうりん》にトウガラシとカボチャの種子を贈った、と『日本の食物史』は述べており、遅くともこの年までにはトウガラシが九州に伝わっていたことは確かである。トウガラシが伝来したのは室町時代の末期のことで、各地に割拠している戦国大名の領地を通っての人や物の移動はそれほど頻繁ではなかった時代である。豊後の国に新しい植物トウガラシが上陸したからといって、その情報がすぐに京の都や当時の商都であった大坂に伝わっていったとは考えられない。

一方、トウガラシは朝鮮半島から伝わってきたとする史料も少なくない。江戸時代に編纂された国語辞書『和訓栞《わくんのしおり》』には、「蕃椒秀吉朝鮮征伐の時種を得たり、よって高麗《こうらい》胡椒というと、貝原氏説也」とある。即ち、貝原益軒《かいばらえきけん》によると朝鮮出兵の際にトウガラシの種子を持ち帰ったので高麗胡椒と呼んでいる、と解説している。九州への伝来説と朝鮮半島からの渡来説、両説の隔たりを埋めてくれるのが李氏朝鮮の時代に刊行された『芝峰類説《チボンリユソル》』である。この本は一六一三年に編纂された百科事典で、その食物部に「トウガラシは日本から伝わって来たので、俗に倭芥子《わからし》（倭とは日本のこと）と呼ばれている」という内容の記述がある（『食文化の中の日本と朝鮮』）。豊後の国に伝わったトウガラシは、最初に秀吉が朝鮮半島へ兵を出した文禄の役（一五九二）の折りに、あるいはそれ以前に倭寇《わこう》などの手によって、朝鮮半島にもたらされて栽培されていたのであろう。

朝鮮半島への二回目の出兵となった慶長の役（一五九六）の際に、海を渡った日本の武士が京都か大坂にトウガラシを持ち帰ったものと考えると、両説の隔たりは矛盾するところなく埋められる。トウガラシは豊後の国から都へ直接伝わったのではなく、九州から一度は朝鮮半島へ伝わり、再び日本へ戻ってきて京都や大坂でも知られるようになった。

新しい辛味文化を生んだ七味唐辛子

素材の持ち味を生かした料理に慣れていた当時の日本人にとって、はじめて出会ったトウガラシの強烈な辛さが衝撃的であったことは疑う余地もない。小石川養生所の後見人であった小川顕道《けんどう》が文化一一年（一八一四）に刊行した随筆集『塵塚談《ちりつかばなし》』に、「唐辛子には歯を損なう毒があるので食べてはいけない」という主旨の内容が書かれている。伝来したばかりの頃は、トウガラシを口にすることなど思いもよらなかったことであった。その当時は、赤く実る果実を愛《め》でる植物として主に鑑賞用の盆栽に仕立てられ、あるいは茎ごと乾燥したトウガラシを厄除けとして軒先に吊るしたりしていた。

　トウガラシが食卓に上るようになったのは、江戸・両国の薬研堀《やげんぼり》で七色《なないろ》唐辛子が売り出されて以降のことである。日本における本格的な辛味の文化は、七色唐辛子とともに始まったといっても過言ではない。薬研とは漢方で使う薬材を細かい粉にするための道具である。薬研堀の名が示す通り、この一帯には医者や薬問屋が集まっていた。寛永二年（一六二五）、薬研堀で芥子屋を営んでいた中島徳右衛門は、漢方薬を食べものに使うことはできないかと考えぬいた末に、トウガラシの持つ強烈な辛味を中和するために、焼いたトウガラシ、干したトウガラシ、黒ゴマ、麻の実、サンショウ、けしの実、陳皮《ちんぴ》（みかんの皮を乾かして粉にしたもの）を混ぜ合わせて、香り豊かでマイルドな辛味を楽しめる「七色唐辛子」を売り出した。七色唐辛子の味と香りは、そばやうどんなどの麺類に欠かせない薬味として江戸っ子の人気を呼び、江戸の評判は全国へと広まっていった。上方へ伝わった七色唐辛子は「七味唐辛子」と呼ばれるようになり、その呼び名は江戸へ戻ってきて、江戸でも七色唐辛子よりは七味唐辛子の名のほうが通りもよくなった。

江戸時代の辛味文化の中心にあったのは、七味唐辛子とワサビであった。ワサビは江戸時代の中頃になってそばのつけ汁に使われるようになり、後期に入ってからは握りずしにも使われるようになった。そばやうどんを食べる際に、七味唐辛子やワサビを使うか使わないか、また使うとしたらどのくらいの量を入れるかは、つまり辛さの程度は食べる人が自分の好みで決めることである。握りずしでも、あらかじめ頼めばワサビを加減してもらえるし、ワサビ抜きを注文することもできる。江戸時代に発達した日本の辛味文化の最大の特徴は、食べる人が自分の好みに合った辛さで食事を楽しめる点にあった。

インドや韓国をはじめとして、東南アジア諸国の料理の場合は、辛さの程度は料理を提供する側、つまり料理人が決めるものであり、あらかじめ料理人に指示をして辛さの度合いを加減させることはできても、目の前に出された料理の辛さを食べる側が調節する例は多くない。日本における辛味との接し方とアジアの辛味文化という視点から眺めると、江戸時代に生まれた日本の辛味文化は特異な方向へ歩み出したといえよう。

カレーライスは第二の辛味革命

江戸時代の末期までには食生活の中に定着した七味唐辛子から、さらに一歩進んで、日本の辛味文化を東南アジアのレベルに近づけたのが、トウガラシの辛味を生かしたカレーライスである。当たり前のことであるが、カレーライスは辛いことが前提であって、七味唐辛子の場合のように食べる側で辛さの調節をすることができない食べ物で、それ以前の日本の辛味文化の体系とは明らかに性格を異にする料理である。そのような食べ物であるにもかかわらず、現代ではラーメンとならんで国民食といわれるまでになり、カレーライスは日本の食文化の中に深く根を下ろしている。食べる側として辛味の程度を調節できないカレーライスが、日本の食文化に定着したということは、トウガラシを食文化の中に取り入れた七味唐辛子に続く、第二の辛味文化の革命と呼ぶのにふさわしい。

明治時代を迎えると、西洋の優れた文明を積極的に取り込もうというのが、官民あげての大きな流れであった。天武天皇が発布した「殺生禁断の詔《みことのり》」（六七五年）以降江戸時代まで、肉食が社会の表面から姿を消していた事実と、明治初期における日本人と欧米人との体格差を重ね合わせてみると、日本と欧米の食事が及ぼしてきた影響は明らかである。

国力を増強するためには、食事の中に肉を取り入れ、国民の体格の改善をはかることが政策として取り上げられても不思議ではない。文明開化の風潮にのって、庶民の肉食はまず牛鍋《うしなべ》から始まった。伝統的な鍋物に入れていた魚介類の代わりに、薄く切った牛肉を使い、味噌あるいは醬油で煮て食べるというきわめて日本的な肉料理であった。やがて、この牛鍋は洗練されてすき焼きへと発展していく。

牛鍋に続いて大衆の人気を博した肉食がカレーライスであった。カレー粉さえあれば簡単に作れるカレーライスは、明治も早い時期にイギリスから日本に伝わってきた。洋食器の中では日本人にとってもっとも使いやすいスプーン一本さえあれば、マナーからはずれて恥をかく心配もなく、気軽に味わうことができるのがカレーライスであった。その上、使い慣れないナイフやフォークで悪戦苦闘する心配もなかった。しかも肉は小さく切ってある上に、カレー粉の色と香りに包まれているので、血のしたたるステーキを食べる場合とは異なり、肉を食べることへの抵抗を感じなくてすみ、しかも西洋料理を食べたという満足感が得られるのがカレーライスであった。明治から大正にかけて、カレーライスは格好の肉食入門と同時に西洋料理入門の食べ物であった。

　カレーライスの辛味もまたトウガラシによるものであるが、七味唐辛子の場合とは異なり、個人の好みで辛味を調節することはできない。日本人にとっては、新しい辛味の食べ方であったにもかかわらず、カレーライスは何ら抵抗を受けることもなく、文明開化の風潮の中で、むしろ近代人の食べ物としての評価が高まり、また軍隊が給食に取り入れるなどのバックアップもあり、都会から地方へと普及していった。

世界初のカレー粉はイギリスのC&B社が販売した。写真は、カレー導入初期の日本で流通していたもので、伝説のカレー粉として圧倒的な人気だった（©ネスレ日本株式会社）

　明治一〇年（一八七七）、東京の西洋料理屋「三河屋」の広告にはライスカレーは二銭五厘とあり、同じ年に東京の凮月堂のメニューにはライスカレー八銭と載っている。明治一〇年という時期に、西洋料理屋のメニューに載るくらいで、カレーライスは早くも都会の人びとに認知された食べ物になっていた。大正一三年（一九二四）に開店した須田町食堂は、翌年には支店を四店も出店するという繁盛ぶりであったが、ここでの人気ナンバーワンのメニューはカレーライスであった。カレーライスの人気は高まる一方で、洋食屋のメニューだけではなく、そば屋の品書きにまで載るようになっていた。

昭和三八年（一九六三）にハウス食品工業（現ハウス食品）が子ども向けに、辛味を抑えて甘みを加えたカレールー「バーモントカレー」を発売するに及んで、カレーライスは子どもを含めて幅広い年代層の食べ物となり、完全に国民食として定着した。カレールーの生産統計から計算すると、辛いことが最大の特徴であるカレーライスを老若男女おしなべて、今では国民一人平均で年間に四六回、月に四回は食べている計算になる。

漬物生産量第一位に躍進したキムチ

食品需給研究センターの調査によると、日本国内でのキムチの生産量は平成一一年度（一九九九）には二五万トンとなり、全漬物生産量の二〇パーセントを超えて、浅漬けや伝統的な漬物である沢庵《たくあん》などを抜いて生産量第一位の座についた。キムチの消費はその後も伸び続けて平成一五年度（二〇〇三）にはピークの三八万トンに達している。この時点で、日本人は一人平均で一年間に約三・〇キログラムのキムチを食べている計算になる。キムチの急成長に比べて、日本の代表的な漬物である沢庵の生産量は、ここ一〇年以上減り続ける一方である。スーパーマーケットや食料品店でキムチを扱っていない店を探すのは至難の業であるし、キムチがもともとは朝鮮半島の漬物であることを知らない若年層も増えている。辛味が売り物の漬物、キムチは日本の食事体系の中に完全に定着したといえる。

昔から「何はなくとも香《こう》の物」という言葉があるように、日本人にとって漬物がない食卓は考えられないことであった。かつては都会でも農村でも、自家用に沢庵、白菜漬けや梅干しなどを漬けることは主婦にとって当たり前の仕事であった。しかし、現代の都会では自宅で糠《ぬか》漬けや浅漬けを漬ける人さえ少数派になり、漬物を店で買うことが常識になりつつある。店で買う漬物の中で、量的にもっとも多いのがキムチであるということは、食事のたびにキムチが食卓に並んでいる家庭が少なくないこと、つまり食事にはトウガラシの辛味があって当たり前、と思っている人びとが増えていることを意味している。カレーライスで辛味を楽しむ時代を経て、ようやく日本人の辛味への接し方が世界の水準に近づいてきて、今や「激辛」という味つけが商品開発の一つの切り口になる時代となっている。

朝鮮半島では、長く厳しい冬に向かって野菜を貯蔵しておくため、秋になると各家庭で大量にキムチを漬け込むのが風物詩になっている。千切りにしたダイコン、真っ赤になるくらいのトウガラシの粉、ニンニク、ショウガ、魚介類の塩辛などをハクサイに混ぜて漬け込んだのが、朝鮮半島を代表する漬物のキムチである。キムチを漬け込むと、野沢菜漬や沢庵漬などの場合と同様に、乳酸菌による発酵が始まって、独特の香味が醸《かも》し出される。キムチは発酵食品なのである。

発酵させて作る漬物の場合、食べ頃になるまでには時間がかかるし、ちょっとした条件の違いで味にバラツキが出やすいので、大量生産をするためには慎重な管理と時間が必要である。現在、日本で生産されているキムチの多くは、品質の均一化を図り、また生産に要する日数を短縮するために、発酵工程を省略して作られている。白菜に塩を振って水分を調節した後に、味つけ液に漬け込んでキムチ風味に仕上げるのである。この日本産のキムチはいうなれば浅漬けのキムチであり、朝鮮半島に古くから伝わるキムチとは、発酵食品か否かという点で、性質をまったく異にしている漬物である。

第五章　生活の句読点だったタバコの行方

1　コロンブス以前のタバコ

意外に知られていないタバコの実体

コロンブスがアメリカ大陸に到達したのが契機となって、一世紀も経たない間にタバコは新大陸から全世界へと広まり、現在では酒、茶、コーヒーとともに、世界の四大嗜好品の一つに数えられている。嗜好品は、生命を維持するために欠かせないというようなものではなく、これがあることによって生活に変化を与えてくれ、憩いのひとときは楽しくなり、人と人の交わりには潤いをもたらしてくれる。この意味で、タバコをはじめ嗜好品は心の栄養として、長い間、人類に愛用されてきている。

先進国では、「喫煙は体の健康にとって有害である」との論調が大勢を占め、心の栄養としての側面が取り上げられることはほとんどない。タバコが有害であるとする根拠の多くは、医学的な、特に疫学的な研究によって数字として提示されている。一方、心の栄養面に関しては、心理的な効果であるために客観的に数値化することは難しい。タバコについて論ずるとき、数値化された根拠をバックに有害論が提示される場合がほとんどで、心理的な側面での効果については、多くの場合、反論するに足るだけの数値が乏しく、論議はそこで止まってしまう。すべての事物には影の部分が存在するのが当然であり、タバコが健康に悪い影響を及ぼしているというのもその例に漏れない。

しかし、最近のタバコ有害論におけるように、健康被害の面だけに焦点をあてて喫煙を非難するだけでは、タバコの全体像を理解することはできない。タバコが世界中の人びとにとって身近な存在になってから、四〇〇年余りになるが、タバコという嗜好品の生い立ちについて、あるいはタバコが社会とどのように関わってきたかについては、あまり知られていない。

タバコと社会の関わりについて、ここでは二つの例をあげておく。その一つは北アメリカの植民地からヨーロッパへ向けたタバコの輸出による外貨の獲得がなかったら、北アメリカでの植民地経営は成り立たず、現在のアメリカ合衆国は存在しえなかったかもしれないという事実である。もう一つ、日本ではタバコの専売制に踏み切ることによって日露戦争の戦費の一部を調達し、同時に日本のタバコ市場が外資に支配されることを免れたのである。「日本専売公社」が「日本たばこ産業株式会社」に変身した昭和六〇（一九八五）年三月まで、八一年間にわたって専売制度は維持され、国庫をうるおしてきた。現在でもタバコ税は二兆円を超え、国の歳入を支えている。

先住民が利用していたタバコの種類

タバコは分類学の上ではナス科タバコ属に分類されている。日本では古くから食卓に上ってなじみの深かったナスの名を借りて、ナス科と呼んでいるが、多くの国ではナス科を代表する植物はジャガイモであると考えられており、ポテト・ファミリー（ジャガイモ科）と呼ばれることが多い。ナスはもちろんのこと、タバコをはじめトウガラシ、トマト、クコなどの有用植物を数多く含んでいることもナス科の特徴である。

タバコ属の植物は野生種まで含めると、分類学上で六六もの種が確認されているが、そのうちの四五種は南北アメリカ大陸およびカリブ海域に生育している。コロンブスが新大陸に到達したとき、先住民たちはすでにタバコを栽培しており、喫煙の習慣も定着していた。葉が大きくて収量が多いこと、種子を集めやすいこと、葉にニコチンを含んでいることなどの点から、新大陸で栽培されていたのは Nicotiana tabacum 種（以下タバクム種と略す）と Nicotiana rustica 種（以下ルスティカ種と略す）の二つの種だけであった。

現在に至っても喫煙用に栽培されているのはこの二種だけで、なかでも世界中で広く栽培されているのはタバクム種であり、喫煙用、嗅《か》ぎタバコ用、嚙《か》みタバコ用にと、さまざまな方法で愛用されている。現在では「タバコ」といえば、その名の通り、タバクム種を指すと考えて間違いない。ルスティカ種はタバクム種に比べて少し小ぶりで丸みを帯びた肉厚の葉をつけるので、マルハタバコと呼ばれている。ロシア、インド、パキスタン、北アメリカの一部など、限られた地域で栽培されており、用途も水タバコなど特殊な分野で使われているにすぎない。

タバクム種の祖先はアンデス山脈の東側斜面のうち、ボリビアからアルゼンチン北部にかけての標高約一五〇〇メートル前後の高地で生まれ、一方ルスティカ種の祖先はアンデス山脈の西側のボリビアからペルーにかけての標高約三〇〇〇メートルあたりの高地で誕生したと推定されている。二種のタバコはアンデスの高地から南北アメリカ大陸全土へと広まっていった。特にタバクム種は伝わっていった先々の気候や風土に適応し、またそれぞれの土地で喫煙を嗜《たしな》む人びとの好みによって選別された結果、すべてが一つの種に属する植物とは考えられないくらいに、植物の形や喫煙時の香味などが異なったものに分化している。

アンデス高地で始まった喫煙

タバクム種、ルスティカ種ともに原産地がアンデス高地であるから、当然のことながらタバコを利用しはじめたのは、この地に住んでいた先住民であったことは確かである。このことを裏づけてくれるのは二〇〇〇年ほど前にアンデス高地に誕生し、九〜一一世紀にかけて全盛期を迎えたティワナク文化である。ティワナク文化の遺跡の一つ、「太陽の門」と呼ばれる石造物の中心には、両手に杖を持つ太陽神の像が彫られている。この神の下段には向かい合ってパイプを吸う小さな二つの彫像が見られる。この彫像は太陽神にタバコの香りを捧げる二体の神の姿である。現在でこそアンデスの高地で喫煙者を見かけることは稀であるが、タバコを吸う二体の神の像は、かつてはアンデスの高地でもタバコが吸われていたことの有力な証拠とされている。

標高が高いために空気が薄いアンデスの高地では、宗教的な目的で喫煙することはあっても、嗜好品として日常的に喫煙することには無理があったようで、喫煙よりも嚙みタバコやコカの葉を嚙む風習が次第に盛んになった。嚙みタバコといっても、チューイング・ガムのようにクチャクチャと嚙むのではなく、コカの場合もタバコの場合も、口中に葉を含んでおき、唾液によって滲出《しんしゅつ》してくる成分を飲み込むのが基本的な味わい方である。インカ帝国が誕生する以前から、先住民はタバコの葉とコカの葉の両方を嗜んでいたが、時とともにコカの葉のほうが好まれるようになり、アンデスの高地では喫煙についで噛みタバコも次第にすたれていった。新大陸にヨーロッパ人が来た頃には、タバコ発祥の地であるアンデスの高地からは、少なくともタバコを吸ったり嚙んだりする風習は姿を消していた。

タバコ文化を開花させたマヤ族

タバコを利用したことで有名なのはマヤ族である。メキシコのチアパス州にあるパレンケ遺跡には、七世紀の末頃に作られた、エル・フマドールと呼ばれる「タバコを吸う神」のレリーフがある。マヤ族の宗教は多神教であり、主神イツァムナーをはじめとして、数多くの神々が存在していると信じられていた。このエル・フマドールも重要な神のうちの一体であり、口にくわえた漏斗《ろうと》状のチューブの先端から煙を吹き出している。このレリーフはパレンケ遺跡の中にある「十字架の神殿」の側壁面に彫られており、当時のマヤ族の間で、宗教行事などの際にはタバコが使われていたことを示唆している。

マヤ族の人びとの間では「神々は昔からタバコを好んで吸っていた。タバコは神様のお気に召すものである」と信じられていた。マヤ族だけではない、広くアメリカの先住民たちは共通して、「タバコは天からの贈り物であって、神聖な草でありかつ貴重なものである」と考えていたことが明らかにされている。マヤ族の社会ではタバコを宗教儀式や病気治療に用いていたようで、そのことを証明する建造物の壁画、彩色土器、さらには絵文字が数多く残っている。宗教儀式に際して香《こう》を焚《た》くことは、現在でも世界各地に見られる習俗で、日本でも仏教の法事の際には線香の煙と香りは欠かせない。

マヤ族の間でも、やがて儀式以外の目的で、つまり純然たる快楽や個人の嗜好のために喫煙がおこなわれるようになったようで、遺跡からは三種類の喫煙方法が描かれた彩色土器が出土している。タバコの葉を巻いて吸う方法、タバコの葉をトウモロコシの皮や別の植物の葉で巻いて吸う方法、

「タバコを吸う神」のレリーフ。古代都市遺跡パレンケ（メキシコ）にあるマヤの神殿の遺跡に遺されている（たばこと塩の博物館蔵）

タバコの葉を別の容器に詰めて吸う方法の三種である。これらの喫煙方法は、まさに現代の葉巻、紙巻タバコ、パイプタバコの吸い方のルーツであり、一〇〇〇年を超えるはるか昔に、現代の代表的な喫煙方法の原型が出そろっていた。

アステカ族の喫煙文化

メキシコ中央高原に都を定めたアステカ帝国は、スペインからの征服者コルテスによって滅ぼされるまで、メソアメリカの大半の地を支配していた。アステカ族が残した絵文字や、第三章、第四章でも触れた『フィレンツェ絵文書』などから、アステカ帝国が滅亡した頃の社会についてはかなり正確に知ることができる。これらの史料によると、アステカ帝国最後の皇帝モンテスマや貴族たちがタバコを吸うのに使っていたのは、見事な細工が施されたパイプであったことがわかっている。コルテスなどの征服者たちは、宮殿や神殿の装飾品を略奪する際に、見事な細工が施されたパイプをはじめ儀式用の喫煙具もあらいざらい持ち去ってしまった。その結果、アステカ族の貴族たちが使っていたパイプがどのような形をして、どのような装飾が施されていたのか、今となっては何もわからない。しかし、アステカ社会での喫煙の中心は儀式用のパイプによるものではなく、アカジエトルと呼ばれる葉巻であったことも『フィレンツェ絵文書』によって明らかにされている（宇賀田為吉『タバコの歴史』）。

アステカ族がタバコを吸うのは、神事や祭事に際して神に捧げる香として、戦勝祈願や占いの際の供物として、また病気の治療に当たるときなどであった。また、子どもの誕生、命名式、結婚式、旅立ち、帰還、神殿建設、重要人物の葬儀などの特別な行事に際しては、アステカ社会でも特別な地位と認められていた王侯貴族、勇敢な戦士、遠距離交易の商人という三つの階級の人びと、ならびに老人たちがアカジェトルを吸うことを許されていた。アカジェトルは市場でも売られていたが、あくまでも特別な場合に備えて用意されているのであり、日常生活の中で庶民が気軽に口にするものではなかった。

『フィレンツェ絵文書』には、病気の治療薬としてタバコが使われているとも書いてある。古い時代の文明では、病気は悪霊が体内に入ることによって起きるので、病人を健康な状態に戻すためには、悪霊を体から追い出すことが肝要だと信じられていた。アメリカ大陸の先住民たちは、アステカ族も含めて、病人から悪霊を追い出すための手段としてタバコを使っていたのであり、タバコは少なくとも症状を改善するという現代的な意味での治療薬ではなかった。

はじめてタバコに出会ったコロンブス

コロンブスが新大陸への第一歩を印した日、一四九二年一〇月一二日にコロンブスは早くもタバコに出会っていた。『コロンブス航海誌』の一〇月一五日の項には、三日前のこと、つまり新大陸に到着した当日のこととして、その模様が次のように書かれている。

二つの島、すなわちサンタ・マリア島（バハマ諸島の一つ、現在名はラム・ケイ島）と、私がフェルナンディナ（バハマ諸島の一つ、現在名はロング島）と名づけたこの大きな島の中間にかかった時、丸木舟に一人で乗った男がサンタ・マリア島からフェルナンディナ島へと向うのに出会いました。彼は、握りこぶしほどの大きさの彼らのパンを少しと、水を入れた瓜殻《カラバサ》と、赤土を粉にして練ったものと、乾いた葉っぱを二、三枚もってきました。この葉っぱはサン・サルバドール島でも贈物として私に持ってきましたから、彼らが珍重しているものに違いありません。

先住民が珍重している乾いた葉っぱ、つまりタバコの葉を贈られたコロンブスであったが、タバコに興味を示すことはなかった。彼は黄金の国ジパングのすぐ近くにまで来ていると確信しており、彼の関心はもっぱら黄金とインドの香辛料に向けられていたからである。

西インド諸島の中で二番目に大きい、イスパニョーラ島の内陸部探索を命じられた二人の部下が三日目に戻ってきて、宮殿も見あたらなければ、大王にも会えなかった、したがってこの島では黄金が手に入る見込みは薄いと報告した際に、住民たちが「煙を飲んでいる」不思議な光景についても報告をしている。コロンブスに同行したラス・カサス神父はこの不思議な光景について、著書『インディアス史』の中で次のように書き残している。

ところで、前記の二人のキリスト教徒は道の途中で、村と村の間を行き来する大勢の男女に出会った。それらの人びとのうちでいつも男のほうが、香煙を吸い込むために、燃えさしと、ある種の草を手に持っていた。それはいくつかの枯れ葉を、一枚のやはり枯れた葉っぱでくるんだもので、ちょうど聖霊降臨祭に子どもたちが紙でつくる紙鉄砲《モスケーテ》のような形をしていた。その筒の一方に火をつけ、反対側から息と一緒にその煙を吸い込むのである。この煙を吸うと体は眠気をもよおし、ほとんど酔ったような気分になり、こうして体の疲れを感じないという。この紙鉄砲を彼らはタバーコと呼んでいるので、われわれもそのような名前で呼ぶことにしよう。

紙鉄砲のような筒とは明らかに原始的な葉巻であった。新大陸に到達したコロンブスの一行が目にした先住民の喫煙のようすは、煙を飲み込むという、彼らにとっては信じられない不思議な光景だったであろう。

新大陸でのタバコの用い方

コロンブスによってアメリカ航路が拓かれると、多くの人たちがヨーロッパから海を渡って新大陸にやってきた。その当時、西海岸と南端を除いた南アメリカ全域から、北アメリカではカナダの南東部まで、新大陸のほぼ全域にわたって、先住民の間に喫煙の風習が普及していた。新大陸でのタバコの用い方は、大別すると喫煙する（smoking）、嚙む（chewing）、粉末にして鼻から吸い込む（snuffing）の三種であった。日本人になじみの深い喫煙にも、シガー（葉巻）、シガレット（タバコをトウモロコシの皮などで巻いて吸う）、パイプタバコの三通りがあった。喫煙方法が三通りあるとはいっても、地域によって喫煙方法はほぼ決まっていた。南アメリカの北部と中部および西インド諸島では葉巻が主流であって、コロンブスの一行が目撃したのも先住民が葉巻を吸っている光景であった。メキシコを含む中央アメリカには、パイプを用いた部族もいたようだが、シガレットが優位を占めていた。また、北アメリカの先住民は一部を除けばもっぱらパイプで喫煙を楽しんでいた。

タバコの喫煙方法と栽培されているタバコの種の間には相関関係があるように見受けられる。葉巻を吸う地域とタバクム種の栽培地とは重なっている。確かに、葉巻を作るのには大きめでしなやかな葉が必要である。北アメリカでパイプの出土品がある地域はおおむねルスティカ種の栽培地と重なり合っているし、この地域にはタバクム種は存在していなかった。乾燥すると砕けて細かくなりやすいルスティカ種の葉を喫煙するためには、何かに詰めて吸うのが合理的だったからである。

嚙みタバコと嗅ぎタバコは、日本人にはなじみの薄いタバコの利用法である。嚙みタバコは南アメリカ大陸北部の沿岸部からアンデス東麓のアマゾン川上流域にかけて広まっていた。粉末にしたタバコを鼻から吸い込む嗅ぎタバコの風習はエクアドル、ペルー、ボリビアの高原地帯からアンデス山脈の東山麓にかけて広がっており、この一帯はインカ帝国の領土あるいはかつてその影響下にあった地域である。

2　ヨーロッパにおける喫煙の風習

万能薬ともてはやされたタバコ

　新大陸にはヨーロッパにはない植物が多々あったが、その中でもいち早く注目を集めたのがタバコであった。新大陸に渡った探検家たちから、「この地の人間はタバコを薬として使っている、自分も試してみたところ確かに効く」といった内容の報告が次々と届いたからである。ヨーロッパでは、植物学者、医者、聖職者などが薬草園でタバコを栽培し、その効能を試した医者たちから、「驚くべき効能を持つ薬草」という評価がタバコに与えられ、タバコは薬草としてヨーロッパの社会に受け入れられていった。

ラッパのように大きな原始的な葉巻を手にしているアメリカ先住民
(Andre Thevet / 1557)

　このような社会の動向に拍車をかけたのが、スペイン王室とも関係が深く、国内外に名前が広く知られていたセビリアの医師ニコラス・モナルデスであった。一五七一年に出版した著書『西インド諸島からもたらされた有用医薬に関する書・第二部』の中に、「タバコおよびその優れた効能」

の章を設け、モナルデスはタバコの効能について述べるとともに、症状に応じた処方例を紹介している。処方例としてはタバコの葉を温めて患部に貼る、搾汁液で処理する、砂糖を加えて作ったシロップを飲む、口から煙を吸う、軟膏にして用いる、浣腸剤として使用するなどがあり、タバコはほとんどあらゆる傷病に効く万病薬であると推奨している（上野堅実『タバコの歴史』）。

当時、新大陸からスペインへ向けた船荷をほぼ一手に受け入れていたのがセビリアであり、セビリアは新大陸へ向かって開かれたヨーロッパの窓口であった。その地の有力な医師であったモナルデスの著書は評判を呼び、まずラテン語に翻訳され、さらにイタリア語、フランス語、英語などにも翻訳されて、ヨーロッパ中の医師たちに大きな影響を与えることになった。この本が出版されてから一八世紀に至るまで、タバコを薬として扱った本のほとんどが、モナルデスの本の記述内容からはみ出すことはなかった。モナルデスの本はタバコに対する万能薬信仰の原典となり、その後二〇〇年以上にわたってヨーロッパ社会に影響を与え続けてきた。

タバコの普及を促進したペストの流行

喫煙の普及に大きな役割を果たしたのがペストの流行であった。ヨーロッパでは有史以来ペストの大流行に何度も見舞われており、なかでも一三四七～五一年にかけて大流行したペストの場合、正確な統計はないものの、当時のヨーロッパの全人口の四分の一に相当する二五〇〇万人の死者が出たとされている。この大流行以降、ペストという病気はヨーロッパの人びとにとって恐怖の的になっていた。

ペスト菌を保有したネズミに寄生しているノミに刺されることによって、人間に伝染する病気がペストである。ノミに刺されると、ペスト菌はリンパ腺に入り込み、さらに肝臓や膵臓《すいぞう》で毒素を産生し、その毒素によって心臓が衰弱して、多くの場合一週間以内に死に至る。当時の死亡率は高くて、七〇パーセント前後であったとされている。現代の医学では、万一ペストが発生しても、抗生物質を使っての治療法が確立しているので、死亡率は二〇パーセント以下に抑えられるという。

恐ろしいペストが流行するたびに、ヨーロッパの人びとは何とかしてペストから逃れようと試みたが、そのような状況の中でタバコがペストに効くという説が広まった。まだ細菌の存在が知られておらず、ペストが細菌によって伝染する病気であることに思いも至らなかった時代である。タバコの煙にはペストで汚染された空気を浄化し、また汚染された体液を体外に排出する働きがあると考えられたのである。一五七〇年にロンドンで医師マシアスらによって出版された『植物についての新しい草稿』では、「ペストの熱に対してこの植物より価値があり効き目のある薬は何一つ発見されていない」とタバコの効果を絶賛しており（上野、前掲書）、タバコがペストの特効薬であるということは、ヨーロッパの人びとに共通する認識になっていった。

一六六四年から六六年にかけて、ペストがロンドンで大流行した折りには、約七万人の死者が出たといわれている。この大流行の中にあっても、タバコ屋は一軒もペストにかからないといううわさ話が広まり、また喫煙はペストに対するもっとも優れた予防薬とされていた当時のこと、子どもといえどもタバコを吸うことを強いられた。イートンにある学校では、生徒は全員、毎日登校する前に、タバコを一服することが義務づけられていたほどである。また、他国に進攻する軍隊の場合には、ペストの予防薬としてタバコを持参することが常識であった。ペストに怯えるヨーロッパの人びとは、ペストが流行するたびに、救いを求めてタバコに慣れ親しむことになり、ペストはタバコの普及に大きな貢献をしてきたのである。

スペインでは葉巻が主流

ラス・カサスは『インディアス史』の中で、タバコを紙鉄砲にたとえた記述に続いて、「私はこのエスパニョーラ島でタバコを吸う癖のついたエスパーニャ人（スペイン人のこと）たちを見かけた。そのようなことをするのは悪癖であると私がなじると、もはや今ではそれを吸うのをやめることは、自分の手に負えないのだ、と彼らは答えた」と述べている。新大陸へ渡ったスペイン人が短期間のうちにタバコの虜になる様子を伝え、同時に、昔も今も禁煙がいかに難しいことであるかを示唆している。

新大陸で葉巻を吸っていたのは、西インド諸島と南アメリカの北岸地域の先住民であった。この一帯に進出してきたスペイン人たちも短時日のうちにタバコの虜となり、次いで奴隷として連れてこられたアフリカ人たちの間にも喫煙の習慣が広まっていった。新大陸でタバコの味を覚えた船乗りたちによって、かなり早い時期に、イベリア半島の港町にも葉巻を吸う習慣が伝わっていた。

ヨーロッパの中で、最初に喫煙の風習が伝わってきたスペインであったが、一九世紀を迎えるまで、「葉巻はスペインだけで吸われるローカルな嗜好品」であって、スペインから周辺の諸国へ葉巻を吸う風習が伝わった形跡は認められない。新大陸からもたらされる金銀が国家の財政をうるおし、一六世紀にはヨーロッパの覇者として全盛期を迎えていたスペインで普及していた葉巻であれば、周辺の国々がスペインの風習を真似て、早い時期にヨーロッパ各地に伝わっていてもおかしくはない。どういうわけか、ポルトガルやイギリスと違って、スペインはタバコの普及にはほとんど貢献していない。

後世になって、スペインからヨーロッパ諸国へ、葉巻が広まるきっかけとなったのはナポレオン戦争であった。一八〇八年、ナポレオン軍はイベリア半島に侵攻した。ナポレオン軍に対抗するため、スペインはイギリスに援軍を要請して、ナポレオン軍の支配から解放されることになった。スペインに駐留したフランス兵もイギリス兵も、スペイン人がくゆらす葉巻の味を覚えて、それぞれ葉巻を吸う習慣を本国に持ち帰った。さらに、フランス兵は、その後ナポレオン軍が侵攻することになったヨーロッパ各地へ、葉巻を吸う風習を広める役割を担ったのである。

タバコの普及に貢献したポルトガル

ポルトガル国内におけるタバコの普及状況については、史料も少なく、よくわかっていない点が非常に多い。とはいえ、喫煙の風習を世界に広める上で、ほかのいかなる国よりも大きな役割をはたしたのがポルトガルである。バスコ・ダ・ガマがインド航路の開拓に成功して以降、ポルトガルの海外進出の重点はアジアの香辛料貿易であった。アジア、アフリカ以外で、ポルトガルの勢力圏に入るのは、後にブラジルと呼ばれるようになった土地だけであった。この地は長い間放置されたままであったが、ようやく一五三〇年になってリオ・デ・ジャネイロ、サントスおよびバイアに植民地が設けられるようになった。これをきっかけに、ブラジルの先住民が吸っていた葉巻がポルトガルへ伝わったと考えられており、スペインに伝わった葉巻とはまったく別ルートからの伝来であった。

一五六〇年、ポルトガルの首都リスボンに駐在していたフランス公使のジャン・ニコは、枢機《すうき》卿《きょう》であったフランソワ公爵宛《こうしやく》に「大変興味深いインディアンの薬草を手に入れました」として、タバコとその種子を送っている。この薬草を皇太后であったカトリーヌ・ド・メディシスが頭痛薬として用い、彼女の息子たちもまた頭痛薬として使ったため、フランスの宮殿で評判になっていた。ニコが送ったのは喫煙用のタバコではなく、嗅ぎタバコであったといわれている。この例から、かなり早い時期に嗅ぎタバコもポルトガルへ伝わっていたことがわかる。

一六世紀の初期までに、ポルトガルはブラジル、アフリカ沿岸からインド、マラッカを経て香料諸島（モルッカ諸島）に至る広い地域に航路を展開して交易をおこなっていた。ポルトガルは早い時期に中国大陸に到達しており、一五五七年にはマカオに居留地を設けるまでになっていた。本国からアフリカ南端の喜望峰を経てインド洋に面する国々、さらにはインドシナ半島から中国、日本まで、ポルトガル人は交易を通じて、接触のあった国々に喫煙の風習を伝えたのである。

フランスで始まった嗅ぎタバコ

ジャン・ニコがポルトガルから送った嗅ぎタバコが、皇太后の頭痛薬として使われたことから、フランスの宮廷では嗅ぎタバコを頭痛薬として用いることが流行《はや》っていた。嗅ぎタバコは空気伝染する病気の予防にもなると信じられていた上に、火災防止の面から宮廷内での喫煙が禁止されたこともあって、ゆっくりとではあったが頭痛薬としての用途から離れて、嗜好品として取り扱われるようになっていった。

ルイ一三世の治世（一六一〇〜四三）以降になると、フランスでは嗅ぎタバコが広く嗜まれるようになっていた。鼻や口から煙を吹き出すタバコに比べて、優雅であると考えられて、宮廷を中心とする上流階級に嗅ぎタバコが受け入れられるようになると、徐々にではあったが庶民の間にも広まっていった。当時のフランスはヨーロッパにおけるファッションの中心であったから、周辺の諸国もフランスにならって、嗅ぎタバコの風習が広まっていった。一八世紀に入ると、フランスはもとよりヨーロッパ中が嗅ぎタバコ一色に覆われた。

フランスで流行り出した嗅ぎタバコは、細かい粉にしたタバコにさまざまな香料を混ぜて作られており、これを指先でつまんで鼻から吸い込むものであった。タバコを吸い込んだ刺激によってくしゃみが出るが、くしゃみは余分な体液を除いて頭をきれいにし、脳を活気づけ、目をはっきりさせてくれるので、健康によい現象であると考えられていた。一八世紀の中頃になると、相手に対する嗅ぎタバコの勧め方から始まって、最後のくしゃみの仕方まで、一連のしぐさを優雅におこなうための作法が生まれ、社交界のエチケットとして上流階級の間に定着していた。

嗅ぎタバコの風習がフランスの宮廷からヨーロッパ中に広まっていくと、「嗅ぎタバコは王権のシンボル」、「パイプタバコは王権に背く者の烙印《らくいん》」という常識が出来上がった。しかし、一七八九年にフランス革命が起きると、事情は一変し、嗅ぎタバコは旧体制のシンボルと見なされるようになり、フランスでは嗅ぎタバコが急速にすたれていった。ほかのヨーロッパ諸国でも、フランスほど急ではなかったが、嗅ぎタバコは衰退の道をたどることになった。

パイプタバコが発達したイギリス

アメリカ大陸の土地は、南北を問わず、ブラジルを除けばすべてがスペインに帰属する土地であった。しかし、スペインが興味を持っていたのはもっぱらカリブ海の島々と中南米であって、金の採掘の見込みがたたない北米地域に対する関心は薄かった。新大陸への進出については後れをとっていたイギリス、フランス、オランダは、スペインの隙をついて北米地区に進出してきた。この地域で栽培されていたルスティカ種の葉は、乾燥すると細かく砕けてしまうので、先住民は砕けた葉をパイプに詰めて喫煙していた。イギリス人は進出先であった北米地区の先住民の喫煙法をそっくり真似たため、イギリスではタバコが伝わった当初からパイプを使って喫煙するのが主流であった。

精巧な彫刻を施してあるメアシャムパイプ（上）と、現在ではもっともポピュラーなブライアパイプ（下）（たばこと塩の博物館蔵）

先住民が使っていたパイプは泥を固めて焼いた小型のもので、イギリス人はそれを手本にして粘土を焼いてパイプを作っていた。この粘土製のパイプはヨーロッパ各地に広まったが、壊れやすいのが欠点であった。一七五〇年頃、トルコを中心にした小アジア地域で産出される海泡石《かいほうせき》（メアシャム）で作ったメアシャムパイプが伝わってきた。海泡石は柔らかいので細かい彫刻を施しやすいという特性が備わっており、美術工芸品的なメアシャムパイプがヨーロッパ各国で作られるようになった。

メアシャムパイプが登場してから約一〇〇年たった一八五〇年頃になって、ブライアの根を使ったパイプが作られるようになった。ブライアの根は木質が硬い上に火にも強いので、現在に至ってもパイプ用には最適な材質と認められている。ブライア製のパイプは値段の点からも、日常の喫煙に使うのに向いており、現在ではもっともポピュラーなパイプとして使用されている。一九世紀の中頃になると、アメリカではトウモロコシの穂軸を使ったコーンパイプが作られるようになり、値段の安さもあって広く愛用されるようになった。

パイプ喫煙をヨーロッパ中に広める上で、大きな役割をはたしたのは三〇年戦争（一六一八～四八）であった。オーストリアとスペインのハプスブルク家に後押しされた旧教派（カトリック）と、フランスのブルボン家に後押しされた新教派（プロテスタント）とに分かれて、ドイツ国内の諸侯が対立したことが戦争の発端である。途中からはデンマークやスウェーデンも新教側に参戦して、ヨーロッパのほとんどの国を巻き込んだ戦争へと発展していった。パイプタバコは、この戦争に参加したイギリス軍の兵士から主戦場となったドイツ全土に広まり、また交戦相手のオーストリア軍の兵士もパイプタバコに親しむようになり、本国オーストリアを経由してバルカン半島にまで伝わっていった。さらにデンマークやスウェーデンの兵士を介して、パイプ喫煙はスカンジナビア半島へも広まり、三〇年戦争はパイプによる喫煙をヨーロッパ全土に普及させる役割を担ったのであった。

植民地の経済を支えたタバコ栽培

スペインは新大陸の大半を支配し、植民地との貿易を独占することによって、ヨーロッパ中でもっとも富める国になっていた。一方、植民地の経済にとってタバコはもっとも重要な産物であり、一六世紀から一七世紀の前半にかけて、スペインは世界のタバコ貿易を独占していた。スペインの植民地経営の中心になったイスパニョーラ島では、一五六〇年頃からタバコの栽培が始まっており、時をおかずにメキシコのベラクルスやユカタン半島でもタバコが栽培されるようになった。タバコの産地は拡大を続け、トリニダード、キューバ、アンティル諸島、さらには南アメリカ北岸やカリブ海の沿岸地方でも栽培されるようになっていった。

初期の段階ではタバコ貿易はスペインが独占していたが、生産拠点が拡大してくると、当然のことながら監視の目をかすめて密貿易がおこなわれるようになり、それによる利益の損失は無視できなくなってきた。スペインではタバコに輸入税を課すこととし、すべてのタバコを本国のセビリア向けに輸出させ、セビリアからヨーロッパ各地へ再輸出させることにした。新大陸からのタバコの輸入を一手に管理することによって、タバコの流通を支配しようとの試みであったが、やがてスペインのタバコ貿易に強敵が現れてくる。

一六〇七年にはイギリス人によるバージニアへの入植が始まった。『タバコの世界史』によると植民地での生活は飢えと病気、さらには先住民との抗争などの厳しい現実に直面して、一六二四年までの一七年間に五〇〇〇人以上の入植者があったが、死亡者や本国への逃亡者などがいて、一六二五年にはわずか一二〇〇人しか残っていなかった。バージニア植民地の存続が危機に瀕《ひん》していたとき、ジョン・ロルフという青年が救世主として登場する。

バージニアの先住民はルスティカ種のタバコを栽培していたが、入植者たちは土地のタバコを好まず、経済的に余裕のある者はスペインの植民地からタバクム種のタバコを取り寄せて吸うほどであった。一六一一年、幸運にもジョン・ロルフはトリニダードでタバクム種の種子を入手する機会に恵まれ、その種子から味も香りもヨーロッパ人好みのタバコを、バージニアの土地で栽培することに成功したのである。一六一五年にバージニアから一二五〇ポンドのタバコが見本としてはじめてイギリス本国へ送られたところ、品質に一定の評価が与えられ、それ以降バージニア産のタバコは本格的に本国イギリスへ輸出されるようになった。

ほとんどの植民地では設立された当初、タバコの輸出以外には植民地の経済を維持するための産品が見当たらず、植民地の運営に苦慮していた。ジョン・ロルフのおかげで、質のよいバージニア産のタバコをイギリスへ向けて大量に輸出できるようになり、バージニア植民地では繁栄の基盤が整った。バージニアの植民地はタバコの栽培によって活路を見出して成長し、今日のアメリカ合衆国の建国の基礎が築かれたといっても過言ではないであろう。バージニア植民地の危機を救ったタバコ栽培は、西へ西へと新たな耕作地を求めて、西部開拓の波となって広がっていった。

クリミア戦争とシガレットの普及

シガレットは中南米が起源であり、この地域では細かく砕いたタバコの葉を樹皮やトウモロコシの皮で巻いたり、アシの茎に詰めて喫煙していた。この喫煙法はスペインに伝わっていたが、一七世紀になるとトウモロコシの皮の代わりに、きめの細かい薄い紙が使われるようになった。紙巻タバコの誕生である。紙で作った筒に、砕いたタバコをしっかりと詰め込んだ紙巻タバコを、スペインでは「ペパリト」と呼んでいた。一八四五年にフランスのタバコ専売局が商品名を「シガレット」と名づけたペパリトを発売したが、シガレットという呼び名が好まれ人びとの口に上っている間に、商品名であった「シガレット」が「ペパリト」にとって代わり、紙巻タバコの代名詞として認知されるようになった。

一八世紀の後半には、スペイン本国では葉巻には及ばないものの、シガレットもかなり普及しており、クリミア戦争（一八五三〜五六）が始まる以前に、紙巻タバコはスペインからトルコへ、さらに黒海を通って東ヨーロッパからロシアまで広まっていた。こうして、コンスタンチノープル、カイロ、サンクトペテルブルクなど、スペインから遠く離れた土地で紙巻タバコの文化が開花することになった。

クリミア半島を舞台にした、イギリス・フランス・トルコの連合軍とロシア軍との戦争がクリミア戦争である。この戦争がきっかけとなって、紙巻タバコはヨーロッパ中に広く流行することになった。何枚もの葉を必要とする葉巻はなんといっても高価だったし、陶製のパイプには壊れやすいという欠点があった。パイプがなくても、自分で刻みタバコを紙で巻いて吸えるという簡易さが気に入られ、この戦争に従軍したイギリスやフランスの将兵たちは、トルコ兵やロシア兵から紙巻タバコの作り方を習い、帰国後に母国にシガレットを流行らせるきっかけとなった。

パイプタバコの普及に貢献した三〇年戦争、葉巻をヨーロッパに広めたナポレオン戦争、ペストから逃れるための喫煙、そしてクリミア戦争とシガレット、ヨーロッパでは戦争や病気などの災禍に見舞われる都度、タバコが一段と広まっていった。

タバコ王デュークの登場

イギリスにおける紙巻タバコの流行はすぐに植民地のアメリカにも伝わった。当初はアメリカでも紙巻タバコは都市部で吸われるタバコであり、特にニューヨークが流行の中心地であった。初期の紙巻タバコはイギリスからの輸入品であったが、一八六〇年代にはニューヨークでも製造されるようになっていた。

葉タバコの産地、ノースカロライナの零細なタバコ業者であったジェームス・ブキャナン・デュークは、後に「世界のタバコ王」と呼ばれるようになった人物である。父親と共同で経営しているタバコ会社にとって、市場には壁のようにそびえ立つ強力なタバコ会社が存在していた。正面から戦いを挑んでも勝ち目はないと判断したデュークは、都市部を中心に流行の兆しが見えてきた紙巻タバコの製造に集中することを決断した。

紙巻タバコはもっぱら手巻きで作られていた時代、パリで開催された万国博覧会(一八六七年)に紙巻タバコの自動巻上機が出展された。アメリカ人ジェームス・A・ボンサックの特許による機械で、一分間に二〇〇本もの紙巻タバコを巻き上げ、その速さは熟練した手巻工の五〇人分に相当した。この機械を目にしたデュークは、大胆にもすべての紙巻タバコの製造を機械化することを決定した。

ボンサックの巻上機を導入したのはデュークだけではなく、競合する会社はほかにもあった。その巻上機は買取りではなく、機械を貸与して製造したシガレットの本数に応じて使用料を支払う方式を採用していた。デューク以外の会社は機械の性能に不安を持っていた上に、消費者の好みは機械巻よりは手巻であろうととらえており、全面的に機械巻に切り替えるのは時期尚早と考えていた。その中で、デュークだけがシガレットをすべてボンサックの巻上機で製造することに踏み切り、その見返りとして、一本当りの使用料を他社より二五パーセント安くするという、破格な条件をかちとった。この使用料の有利な条件と、最初に機械化に踏み切ったことによる優位性を武器にして、紙巻タバコの分野で他社の追随を許さない独走態勢を確立した結果、一八八〇年代の終わりには全米で最大の紙巻タバコメーカーに成長していた。デュークの攻勢に押されて経営が苦しくなったライバル四社を、企業合同という名のもとに吸収合併して、アメリカン・タバコ社を設立して三三歳の若さで社長に就任した。

紙巻タバコの市場を独占したとはいえ、当時の紙巻タバコはタバコ市場の中では数パーセントのシェアしかなく、タバコ市場の約半分は嚙みタバコが占めていた。デュークは紙巻タバコから出る利益を投入して嚙みタバコの分野に進出した。この分野でも企業買収を続け、嚙みタバコ分野を統合してコンチネンタル・タバコ社を設立した。さらに嗅ぎタバコの分野にも触手を伸ばし、アメリカン・スナッフ社を設立して、この分野でも市場の八〇パーセントを支配するまでに発展していった。

残るのはタバコ生産量の三分の一、売上高ではタバコ市場の六〇パーセントを占める葉巻の分野だけであった。葉巻の製造は手巻が中心であり、小資本でも技術さえあれば優れた製品を作れるので、大企業への集中は遅々として進まなかった。いろいろと手を打ったデュークであったが、結局アメリカの葉巻市場では六分の一以上を支配下に収めることはなかった。こうして、一九〇〇年までにアメリカのタバコ市場の支配を進めたデュークは、「タバコ王」と呼ばれるようになり、その名を後世に残すことになった。

3　独自の発達をした日本のタバコ文化

日本伝来の時期と場所

喫煙の風習が日本に伝来したのは、天文一二年（一五四三）にポルトガル船が種子島に漂着したとき、あるいは天文一八年（一五四九）にイエズス会の宣教師フランシスコ・ザビエルが鹿児島に上陸したときともいわれているが、今なお定かではない。遅くとも豊臣秀吉が存命中であった天正年間（一五七三〜九二）までには伝わっていたことは、その時期に日本で描かれた絵画の中に、タバコを吸う南蛮人が見られることからも確かである。

タバコの種子が最初に伝わった場所についても諸説がある。慶長年間（一五九六〜一六一四）のはじめ頃に鹿児島へ、慶長六年（一六〇一）に平戸へ、あるいは慶長一〇年（一六〇五）に長崎へ伝来したという説などである。日本の鎖国体制が整うまでは南蛮船の来航も多く、その間に南蛮人によって喫煙の風習やタバコの種子が持ち込まれていた。江戸幕府が鎖国に踏み切るまでには、タ

江戸初期の南蛮屏風。重たげにキセルを吸う南蛮人の様子が描かれている（『観能図』部分／神戸市立博物館蔵）

バコの種子は各地へと伝わっており、それぞれの土地の気候風土に順応して多数の品種に分化していった。いずれの国産種をとってみても、日本特有の喫煙具キセルで吸いやすいように品種改良がなされており、刻みタバコを作るのに適した性質を備えていた。

日本に最初に伝えられたタバコはキセルで吸うものではなく、葉巻であったことを示唆する記録が残っている。元禄時代（一六八八〜一七〇四）に刊行された『本朝食鑑』は薬用になる植物や動物について記した本草書であるが、その中に「初め南蛮の船の商人が、葉を巻いて篳篥《ひちりき》のような筒を作り、広い処を指に挟み、狭い処を吸うて火を吹くと、煙はたちまち口に満ち、云々」と書いてある。篳篥とは雅楽で使われる二〇センチメートル弱の管楽器で、西洋音楽のオーボエに近い楽器である。タバコの葉を管楽器状に巻いて吸うのであるから、南蛮人が吸っていたのは間違いなく葉巻と断定できる。『本朝食鑑』はさらに続けて「後、南蛮より吸管が伝わった。これを幾世流《きせる》という」と、葉巻の後にキセルが南蛮人によって伝えられたとも述べている。

日本人が葉巻ではなく、後から伝わってきたキセルでの喫煙を選んだ理由の一つはタバコの葉の価格にあった。タバコが伝わってきた当初、タバコの葉はすべて高価な輸入品であったために、何枚もの葉を丸めて作る葉巻に手を出せるのはごく一部の富裕層に限られた。一方、キセルでの喫煙なら刻んだタバコを一つまみ火皿に詰めるだけですみ、喫煙者にとって経済的な負担が少なくてすむ。もう一つの理由は、当時の誰もが抱いていた南蛮志向であった。この時代、流行の発信地であった京都では、南蛮由来の小物を一つくらいは身につけていないと、肩身の狭い思いをしたのだろう。南蛮志向が強かった日本人にとって、キセルは格好の南蛮由来の小物であった。

時代とともに変化する禁煙令

タバコが伝わってくると、諸外国の場合と同様に、日本人もまた短時間のうちにタバコの魅力に取りつかれていった。一六一三年に来日したイギリスの商館長リチャード・コックスはこの状況を見て、「老若男女の別なくタバコに熱中している」と驚いている（『マイティ・リーフ』）。価格の高い輸入品ではなく、安価な国内産のタバコが流通するようにならなくては、庶民の間にまではタバコは広まらない。日本人は難しいタバコの栽培技術を短期間のうちに習得し、栽培法は日本全国へと伝わっていき、慶長年間には早くも喫煙は広く日本中に定着するまでになっていた。

ならず者の一団が荊組《いばら》とか皮袴《かわはかま》組などと名乗って江戸の市中を闊歩《かっぽ》していた。彼らはタバコを吸い交わすことで仲間としての誓いを結び、徒党を組んでは喧嘩を吹きかけ、脅しやゆすりを働き、乱暴をいとわず、市井の人びとを震えあがらせていた。慶長一四年（一六〇九）、社会の秩序を乱すならず者たちを取り締まるために、日本で最初の禁煙令が公布された。

慶長一七年(一六一二)になると禁煙令の内容は変化して、「タバコを吸うことを禁ずる。タバコを売買する者を見つけた場合は、その者に双方の家財を与える。いかなる土地であってもタバコの耕作を禁止する」という厳しい内容の禁煙令が出された。慶長二〇年(一六一五)にも再び同じ主旨の禁煙令が出され、慶長に続く元和年間(一六一五〜二四)に入ってからも再三にわたって禁煙令が出された。同じ主旨の禁煙令が頻発されたのは二代将軍秀忠(在位一六〇五〜二三)の時代であった。風紀を乱し、浪費を助長するかのようなタバコを、律儀な性格の秀忠が嫌っていたのも、禁煙令が出された一つの理由であった。しかし、禁煙令が頻発された最大の理由は、年貢米を確保することにあった。タバコの消費が増えるにつれて、現金収入の多いタバコ栽培に力を入れる農家が増えるようになれば、経済の基礎であった米作がおろそかになり、コメの収穫高が減ることを恐れたからである。

三代将軍家光(在位一六二三〜五一)の時代に入る頃には、庶民の間にまで喫煙が行きわたっており、タバコの耕作は一つの産業として社会に定着していた。相変わらず禁煙令が出されるものの、その内容は実質的に変化していた。寛永一九年(一六四二)に諸国を襲った大飢饉に際しては、本《ほん》田《でん》つまり検地帳に登録されている田畑でのタバコ栽培の禁止令が出され、これ以降は同じ主旨の禁令が繰り返されるようになった。つまり本田でのタバコ栽培は禁止するものの、山林や宅地あるいは新たに開墾した畑でタバコを耕作することは容認するものであった。さまざまに形を変えた禁煙令が出されたにもかかわらず、タバコの耕作とその関連産業は着実に成長していった。八代将軍吉宗の享保年間（一七一六〜三六）になると、もはやタバコの耕作を制限することはなくなり、むしろ幕府や諸藩の財政を潤すために、タバコや木綿など換金性の高い農産物の栽培が奨励されるようになっていた。

日本独自の発達をしたキセル喫煙

タバコが日本に伝わってきたからといって、日本人がすぐにキセルを発明したとは考えられない。『本朝食鑑』にもある通り、南蛮人がキセルを伝えたと考えるのが妥当である。しかし、南蛮人の本国であるスペインにしてもポルトガルにしても、その当時は葉巻や嗅ぎタバコの国であった。本国の事情はどうあれ、豊臣秀吉や徳川家康の時代に描かれた絵画には、キセル状の喫煙具を持った南蛮人が数多く描かれている。描かれたキセル状の喫煙具には二種類あって、一つはスペイン領のフロリダの、もう一つはポルトガル領ブラジルの先住民が使っていたパイプにそっくりである。これらの喫煙具が日本風のキセルへと変化したものと考えられている。キセルのルーツを探ると、ブラジルやフロ

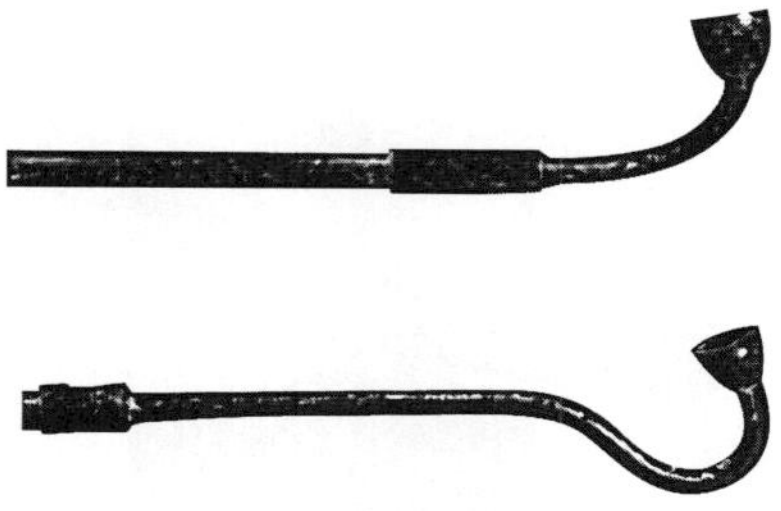

日本に伝わってきたキセル状喫煙具2種。上はポルトガル領ブラジルから伝来。下はスペイン領フロリダから伝来したもの。火皿の部分がそれぞれL字とU字になっているのが特徴である

リダにまでさかのぼることになる。

南蛮渡来のキセルを手に入れようとしても、価格が高い上に数も少なく、日本人の需要が満たされることなかった。鉄砲が伝わってくれれば、短期間のうちに国産化してしまう日本人にとって、キセルを作ることなどは容易なことであった。総銀造りの上に彫刻を施した高級なキセルから、真鍮《しんちゅう》で作った雁首《がんくび》と吸い口を羅宇《らう》と呼ばれる竹でつないだ庶民用のキセルまで、短時日のうちに、さまざまな形状のキセルが作られるようになった。こうして、雁首の先端にある火皿に豆粒大に丸めた刻みタバコを詰め、二口、三口吸ってから灰を叩き落とす日本独自の喫煙文化が生まれた。時

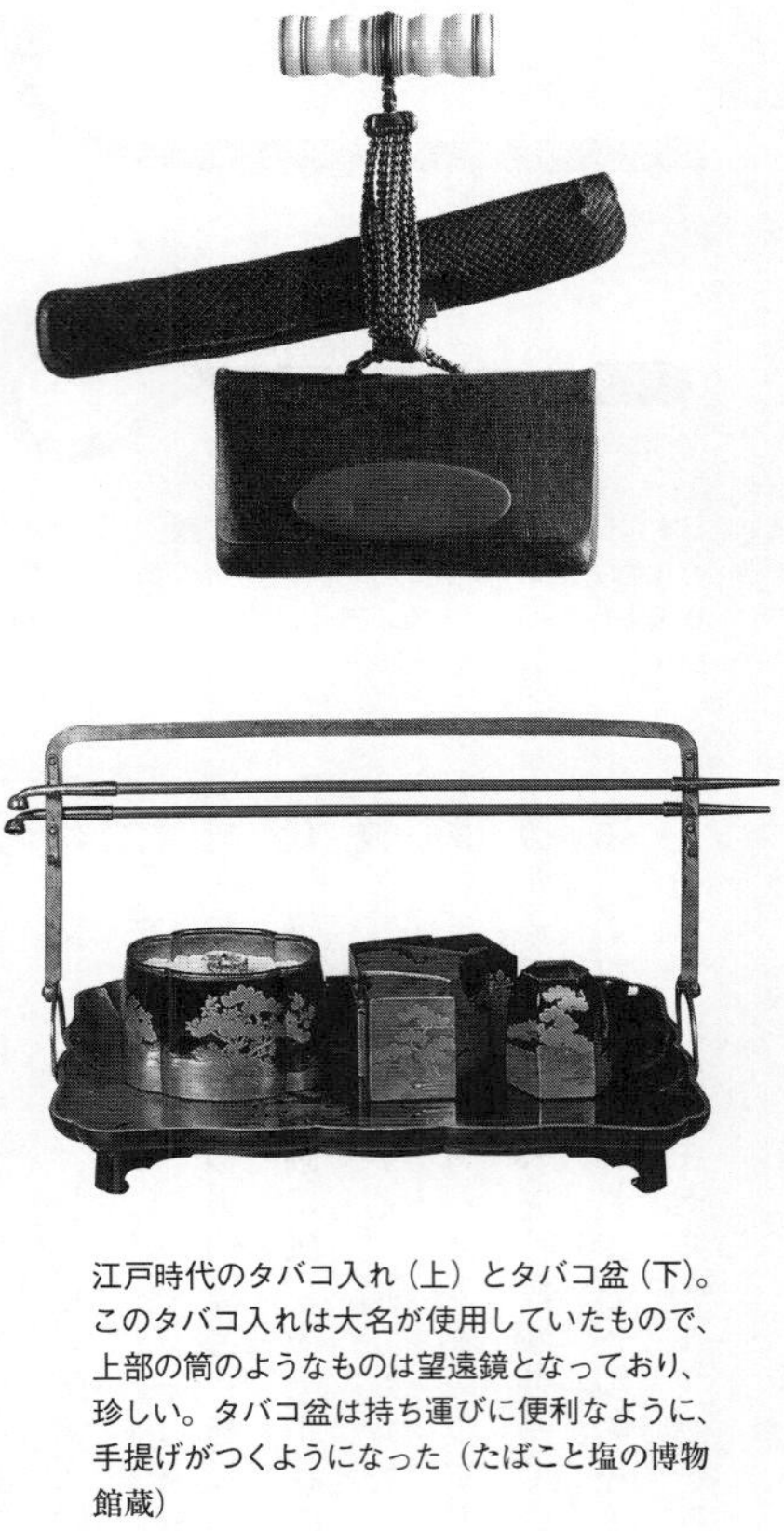

江戸時代のタバコ入れ（上）とタバコ盆（下）。このタバコ入れは大名が使用していたもので、上部の筒のようなものは望遠鏡となっており、珍しい。タバコ盆は持ち運びに便利なように、手提げがつくようになった（たばこと塩の博物館蔵）

間をかけてゆっくりと葉巻やパイプの煙を燻《くゆ》らして楽しむ欧米とは、明らかに質の異なった日本の喫煙文化であった。

「たばこは天下にあまねくいきわたり（中略）いかなる場所を問わず用いることができる」とは京都の儒医向井震軒《しんけん》の『煙草考』（一七〇八）の一節である。いかなる場所というのも決して誇張ではなく、そのために日本独自の喫煙具として、「タバコ入れ」と「タバコ盆」が考案されている。「タバコ入れ」は外出先でタバコを吸うために個人が持ち歩く喫煙具で、キセルを収納するための「キセル筒」と刻みタバコを入れておく「袋」が一体になったものである。個人が持ち歩く「タバコ入れ」に対して、どの家にも必ず置いてあったのが「タバコ盆」である。

タバコ盆には刻みタバコを入れておく容器、タバコに火をつけるための炭火を埋めておく「火皿」、吸い終わった灰を落とす「灰吹き」、それにキセルがセットとなって一枚の盆に載っている。タバコ盆のルーツは香道で使われる香盆である。香道では香木《こうぼく》に火をつけて香りを楽しむが、香炉は火皿に、焚殻《たきがら》入れは灰吹きに、香木を入れておく小箱はタバコ入れに転用する形でタバコ盆が生まれてきた。そのため初期のタバコ盆のほとんどは平らな盆であったが、やがて舟形や箱形など、さまざまな粋をこらしたタバコ盆が作られるようになった。

手切りの刻みタバコから機械化へ

キセルの火皿にタバコを詰めやすくするために、タバコの葉を細かく刻んだ刻みタバコが作られるようになった。最近では紙巻タバコの普及によって、影がすっかり薄くなってしまったものの、キセルで刻みタバコを吸う光景は、第二次世界大戦後までよく見かけた、日本の喫煙文化のシンボルであり、世界中に類を見ない髪の毛のように細い刻みタバコを生み出していた。

タバコが伝来した当初は、買ったタバコの葉を自分で細かく刻み、キセルで吸うのが一般的であったが、一六五〇年代になると刻みタバコを商う専門店が現れてきた。これらの店は「カカ巻き、トト切り」と呼ばれ、妻は店先でタバコを刻みやすいように巻き揃え、これを手切台の上で細かく刻むのが夫の仕事であった。

刻みタバコの場合、刻みの幅が細ければ細いほど、葉タバコの刺激味がやわらいで、吸ったときの味がマイルドになる。専門店が登場するようになってから、刻みの細さへの挑戦が始まり、ついには〇・一ミリメートル、髪の毛ほどの細さに刻んだ「細刻み」が現れて人気を博した。専門店では店頭で刻んだタバコの量《はか》り売りをするだけであったが、貞享（一六八四～八八）の頃になると、数多くの引出しのある桐の箱にさまざまな種類の刻みタバコを入れ、町中を売り歩く行商の姿が見られるようになった。

葉タバコの生産地の中には、タバコを刻んでから出荷するところもあった。葉タバコのまま出荷するよりは、刻んで出荷したほうが高く売れるし、また農家にとっても農閑期の仕事として副収入を得られるからでもあった。しかし一人の職人が一日にタバコを刻める量は、平均して一キログラム程度で、量産にはほど遠い状態であった。

一八〇〇年頃になって刻みタバコの製造機が開発された。積み重ねた葉タバコに圧力を加えてブロック状に固めて鉋《かんな》で削る、「かんな切り」と呼ばれる刻み機で、その能力は手刻みの七〜八倍もあったが、出来上がったタバコの品質面に若干の問題があり、主に中級品以下の刻みタバコの生産に使われた。嘉永年間（一八四八〜五四）には、上下動する包丁でギロチンのように葉タバコを刻む「ぜんまい」と呼ばれる機械が考案された。能力は「かんな切り」の三分の一程度と低かったが、製品の品質は「かんな切り」より優れているので、高級なタバコを刻むのに使われていた。能力的に「かんな切り」と遜色のない足踏み式の「ぜんまい」が開発されると、製品の品質が劣る「かんな切り」は急速に姿を消していった。

喫煙を認められる条件は一人前

江戸時代、酒やタバコに手を出すことを認められるようになるのは、社会から一人前として認められてからであった。酒やタバコは大人同士の付き合いの場をなごやかにし、心を通わせ合うことを容易にしてくれるので、酒もタバコも大人の嗜みとしては望ましいものと考えられていた。一人前といっても単純に年齢で判断するのではなく、経済的に自立できる能力、「かせぎ」があるか、社会を支える能力、「つとめ」をはたせるかの二つの要件が備わっているかによって判断されるものであった。

農村で一人前と認められるようになるのは、若衆宿に入る一五歳前後からであった。商店では丁《でっ》稚《ち》奉公を終えて給金をもらうようになると、主人がお祝いとしてタバコ入れを贈るのが慣わしであったが、タバコ入れを持つことは一人前の社会人として認められたことの証《あかし》であった。タバコが広く流行った時代ではあったが、あくまでも一人前の大人しか吸うことが認められておらず、タバコは酒とともに大人と子どもの間の境界となる特別な存在であった。

一人前であることについては男性と女性の場合で差はなかった。宝暦二年（一七五二）に出版された本居宣長《もとおりのりなが》の『尾花《おばな》が本《もと》』に「現今では、どの階級の婦人も皆タバコを吸うようになったが、タバコやキセルを使わない女というものはかえって淋しいものである」と書いてあるが、農家や商家の主婦がタバコを吸っていても何ら不思議ではなかった。家事や農作業をする体力と知識を身につけて農家に嫁いだ女性は、当然のことながら一人前として認められ、喫煙することに異を唱える者はいなかった。都会でも「おかみさん」と呼ばれる大店《おおだな》の女房はもとより、長屋住まいの女房であっても亭主を助けて働いていれば一人前と認められて、当たり前のこととして喫煙を嗜んでいた。一方、武家の女房は家計を切り盛りするだけで、収入面で家計に貢献することがない、つまり「かせぎ」がないという理由で一人前としては認められず、従って喫煙は好ましくないと考えられていた。

紙巻タバコの普及と専売制度

日本に紙巻タバコ（シガレット）が伝わったのは、幕末の開港と同時であった。明治二年（一八六九）には早くも土田安五郎が紙巻タバコの国産化に成功して、職工を七〇人も雇うほどになっていた。これに刺激されて、紙巻タバコの製造をする者が続々と現れるようになった。なかでも紙巻タバコの価格を引き下げて大衆化するのに貢献したのが、「天狗」ブランドの岩谷松平と「ヒーロー」ブランドの村井吉兵衛の二人であった。

明治一七年（一八八四）、東京の銀座三丁目に店を構えた岩谷松平は、紙巻タバコに紙筒の吸い口をつけた「天狗煙草」を売り出して人気を博した。京都では村井吉兵衛が両切りの紙巻タバコの商品化を進め、明治二四年（一八九一）、「サンライズ」を発売して成功するが、さらに明治二七年（一八九四）には舶来品に近い味の「ヒーロー」を発売して、大ヒット商品となった。村井が東京に進出してきたことによって、両者の間で激しい販売競争が始まった。村井がいち早く紙巻タバコの製造を機械化したのに対し、吸い口付きの紙巻タバコを製造する岩谷は手作業に頼らざるをえな

岩谷商会「天狗煙草」のポスター（明治33年頃）。後ろ姿とはいえ、裸婦を中央に据えたポスターは当時の人びとに強烈な印象を与えた（たばこと塩の博物館蔵）

かったため、生産効率の面で大きな差がついて、激しい競争は村井に軍配があがった。

製造技術の近代化や海外進出に熱心な村井であったが、自己資本には限界があるので、明治三二年（一八九九）、タバコ王デュークが率いるアメリカン・タバコ社と、対等出資の新会社「株式会社村井兄弟商会」を設立した。三年後の明治三五年（一九〇二）、先方から増資の提案があったが、資金不足のため応じることができず、村井は新会社の経営権をアメリカン・タバコ社に奪われることになった。

この年、海外市場で激しい競争を繰り広げていたアメリカン・タバコとイギリスのインペリアル・タバコは共同出資して、海外でのタバコ事業を営むブリティッシュ・アメリカン・タバコ（BAT社）を設立していた。一方、当時の村井兄弟商会は日本の両切りタバコをほぼ独占的に製造しており、ほかのタバコ会社を大きく引き離していた。BAT社は誕生間もない日本の紙巻タバコ市場をそっくり手中に収めようとしていたのである。

BAT社が村井兄弟商会の実権を握るということは、日本のタバコ産業が外資に支配されることであった。この事態に危機感を持った明治政府は、南下してくるロシアに対する軍事費を確保する目的もあわせて、明治三七年（一九〇四）七月一日にタバコの専売制に踏み切った。目前に迫っている日露戦争の戦費の一部をタバコの専売制による税収によってまかなうのと同時に、日本のタバコ産業が外資の傘下に入ることを防いだのである。

明治時代に変化した喫煙の環境

江戸時代の社会では、公然とタバコを吸える条件は「一人前」と認められることであったが、明治時代に入ってから、一人前という枠組みがくずれてきた。その最大の理由は教育制度が整備されたことにともなって、大学や旧制高等学校の学生という新しい階級が誕生したことであった。一人前と認められるための条件の一つは、経済的に自立できること、つまり「かせぎ」があることであったが、親から学資をはじめとして経済的な支援を受けている学生は「かせぎ」がないにもかかわらず、それまでの「喫煙は一人前になってから」という不文律を無視して、堂々と喫煙をするようになった。明治中期までには、この風潮は中学生ばかりか小学生にまで広まっていた。

このような風潮を憂えた代議士の根本正《しょう》は、「近来小学校の子供で輸入の巻きタバコを吸う者が日々増加しまして、このまま捨て置きましたらば、云々」との提案演説のもとに、「幼者喫煙禁止法案」を衆議院に提案した。「子どもにタバコを売ってはならない、親は子どもがタバコを吸うことを止めさせなければならない、子どもにタバコを売った者には罰金刑を課す」という内容の、全文四条からなる法案であった。「一八歳未満の幼者」とあった文言を、徴兵検査を迎える二〇歳を年齢の基準として「二〇歳に至らない未成年者」に修正、法案の名も「未成年者喫煙禁止法案」と改めた上で、衆議院、貴族院の両院で可決され、明治三三年（一九〇〇）四月一日に施行された。

これ以降、「かせぎ」と「つとめ」の両方を兼ね備えた「一人前」という不文律に代わって、法律にもとづいて二〇歳という年齢によって喫煙の是非が判断されることになった。

明治時代に変化したもう一つの喫煙の風習は、女性が公然とタバコを吸うことがはばかられるようになったことである。江戸時代には女性であっても一人前と認められれば、誰はばかることなく喫煙できたことは先にも述べた通りである。明治時代に入って士農工商の身分制度が廃止され、新たに制定された民法によって、女性の教育は良妻賢母を育てる方向へ向かうことになった。この結果、江戸時代の武家のしきたりをもってすべての女性を律することとなった。女性は妻として母としてもっぱら家の中にいて、家事を万端滞りなくこなすことをもって良しとされるようになった。その結果、家事に携わる女房がタバコを吸うことは好ましくないという常識が生き残り、職業・年齢を問わず女性の喫煙は周囲から白い目で見られるようになり、人前で公然とタバコを吸う女性は次第に社会から姿を消していった。

タバコはどこへ行くのか

現在、タバコについては、健康や環境に関する多くの問題が提起されている。タバコに対する禁止令や非難は、タバコがヨーロッパに伝わったときから、どこの国でも常に存在していたが、多方面からタバコが非難されるようになったのは、一九六〇年代以降のことである。ともすれば、喫煙者は自己規制のできない意思の弱い人間と見なされ、喫煙は悪徳であるとする認識が広まり、次第に力を得つつある。結果として、タバコを吸わない人の権利は拡大する一方で、喫煙者の権利はさまざまな制約を受けることになっている。

喫煙に反対する最大の理由は、タバコは人を死に追いやる危険性が大きいという点である。最近のタバコに関する報告書を読めば、喫煙が誘因となって多くの人びとが死亡しており、喫煙に由来する死亡者の数は今後ますます増え続けると予測されている。自分の意思でタバコを吸って、その結果として本人が死んでいくのであれば、自己責任といって片づけることも可能であろう。

タバコに反対する第二の理由は受動喫煙であり、これは自己責任といって突き放しておくわけにはいかない問題である。さまざまな研究によると、受動喫煙は肺ガンにかかる危険性を三〇パーセント以上高めていることが明らかにされている。政府や地方自治体が公共の場所での禁煙あるいは分煙を推進していることも、受動喫煙による被害を認識させる上での大きな要因になっている。

第三の理由は喫煙がもたらす社会的な損失である。損失の金額についてはいくつかの推計があるが、タバコに起因する死亡、喫煙によって惹き起こされた病気に対する医療費の増加、労働力の損失などを金銭に換算して合算すると、いずれにしてもとてつもない金額になる。

このような理由の下に、喫煙を否定する論調が勢いを得ているが、タバコを吸う人たちが依存しているのは、一概に有害とは決めつけられないニコチンであって、健康に被害を与えるとされている煙やその中に含まれているタール分に依存しているわけではない。タバコが世界中のほとんどの国や地域で、信じがたいほどの速さで受け入れられてきたということは、タバコに含まれているニコチンが気分の転換にとって、いかに効果的でかつ魅力的であるかを証明してくれる。気分の転換に有効とされるニコチン、アルコール、カフェインは、世界中で受容されている四大嗜好品（タバコ、酒類、茶、コーヒー）のいずれかに含まれている。有害なタール分を排除しようという努力が積み重ねられて、将来的には喫煙という行為は姿を消すかもしれないが、ニコチンを利用して気分転換をはかることまでは消え去ることはないのではなかろうか。

第六章

肉食社会を支えるトウモロコシ

1　新大陸の主穀物トウモロコシ

トウモロコシの祖先種はどんな形？

トウモロコシは不思議な植物である。トウモロコシを現在の形態のままで自然の中に放り出したら、子孫を残していくことはまず不可能であろう。穂軸には数多くの種子がついているが、大きな皮で二重三重に包まれているので、種子は熟しても周囲に飛び散ることができない。いずれは穂軸ごと地面に落ちることになるが、大きな皮に包まれたままでは、何百粒もの種子が一斉に発芽して、互いに栄養分を奪い合うことになる。その結果成長できるのは一粒か二粒あるかどうか、共倒れになって一粒も大きく育たない可能性が大きいのではなかろうか。つまり、現在のトウモロコシは、人の手によって種子を収穫してもらい、その上で畑にまいてもらわない限り、子孫を残し続けることが不可能なまでに品種改良されてしまっている。トウモロコシの側からすれば、まことに不都合な品種改良といえるであろう。野生種のトウモロコシでは、種子が熟してくると自然と穂軸から脱落して、周囲に飛び散って子孫を残していたはずであり、現在のトウモロコシとはそうとう異なった形をしていたと考えられる。

地球上で栽培されている作物は、突然変異や人の手による交配によって変異種が生まれ、その作物を利用している人びとに都合のよい変異種が選択されてきた結果、現存する品種は形も性質も原種とは異なっているのが普通である。今も栽培されている作物のうちで、ほとんどの主要な作物では原種となる野生種が見つかっているが、唯一トウモロコシだけはいまだに原種となる野生種が発見されていない。原種となる野生種は今も存在しているけれども、あまりにも現在のトウモロコシとは形が違うので気づかれないのか、あるいはすでに絶滅してしまっているかのいずれかである。いずれにしても、未発見の野生種が近縁の植物との交雑を繰り返しているうちに、原種とはかなり形状が違ったものが生まれて、トウモロコシの祖先として定着したと考えられている。

メキシコで始まったトウモロコシの栽培

先進諸国ではトウモロコシは雑穀扱いされているが、ヨーロッパ人がコムギをはじめとするムギ類を持ち込んでくる以前の新大陸では、トウモロコシは唯一の穀物であり、人びとの生活を支えるエネルギー源として、欠かすことのできない重要な作物であった。アンデスの高地などごく一部を除いて、新大陸のほとんどの地域でトウモロコシ栽培を中心にした農耕文化が発達した。その代表的な地域が、マヤ文明やアステカ帝国が栄えたメソアメリカである。

トウモロコシの栽培はメキシコで始まったと考えられている。メキシコ市から東南へ二四〇キロメートルの高原地帯にテワカン渓谷がある。紀元前一万年頃のこの渓谷では先住民が狩猟生活を営んでいたが、紀元前六八〇〇年頃から彼らはこの地に定住するようになった。この渓谷で発掘された遺跡から、トウモロコシの遺物が大量に出土しており、トウモロコシが栽培種として品種改良されてきた過程をつぶさに見ることができる。

紀元前六八〇〇年より古い地層からはトウモロコシの遺物はかけらも見つかっていない。原始的なトウモロコシの穂軸が現れてくるのは、紀元前六八〇〇～五〇〇〇年の地層からで、長さ二～三センチメートルくらいの小さな穂軸が出土している。穂軸には直径が五ミリメートルくらいの小さな種子が四列に並んで、全体では二〇粒くらいついているが、種子の重量は全部合わせても三グラム前後しかない。原始的な形のトウモロコシではあるが、紀元前五〇〇〇年頃には作物として定着していたようである。紀元前三〇〇〇年頃には本格的な農耕生活が始まっており、穂軸が大きい栽培種のトウモロコシが出土してくる。現在のような形の穂軸のトウモロコシが出土するのは、紀元前一五〇〇年以降の地層である。この頃になると、メキシコ以外の地域でも、現在の栽培種と同じ品種のトウモロコシが栽培されるようになっていた。

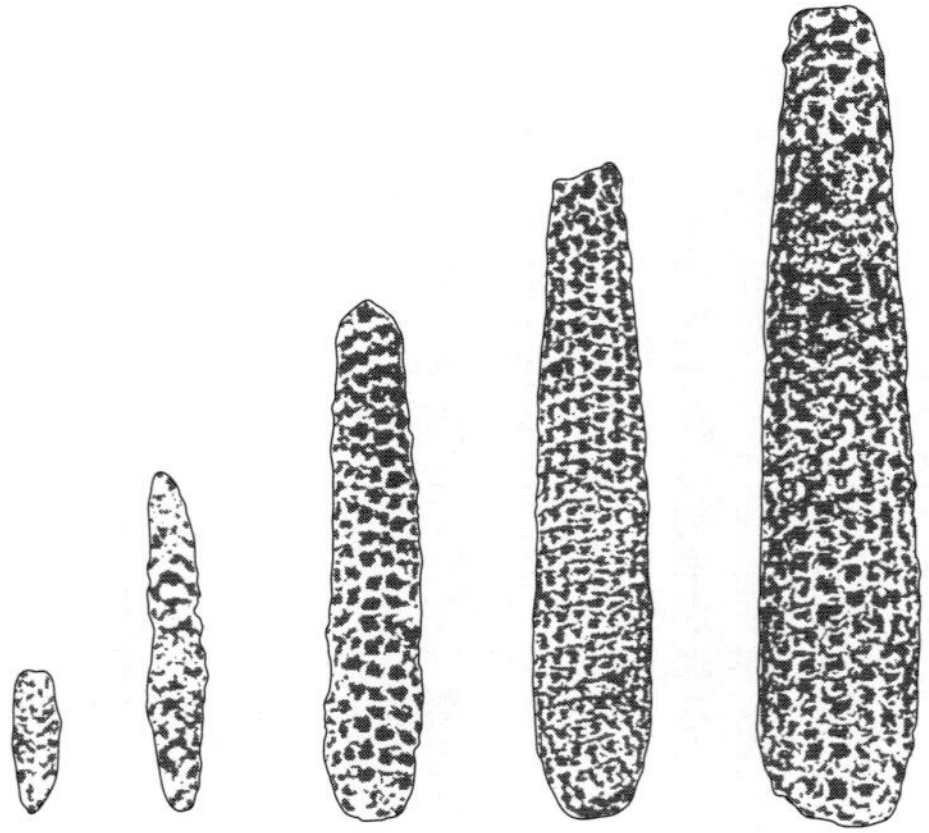
テワカン渓谷で出土した穂軸。左からBC5000年頃、BC4000年頃、BC3000年頃、BC1000年頃、現代のトウモロコシの順に並ぶ。進化にともなう穂軸の大きさの変化がわかる（R.J. Wenke and D.I.Olszewski : *Patterns in Prehistory*をもとに作成）

栽培する上での優れた特性

トウモロコシはイネ科の植物であるが、同じイネ科に属するイネやコムギに比べると、栽培する上で優れている点が多い。第一の特徴は、トウモロコシはサトウキビなどと同様に、植物体を構成するデンプンや繊維素の生産性が非常に高いことである。ほとんどの植物では葉の中に葉緑素を含んでおり、太陽の光を受けた葉緑素の働きによって、地中から吸い上げた水と空気中の炭酸ガスからブドウ糖を作り出している。葉で作られたブドウ糖は植物の各組織へ送られ、葉や茎などでは組織を構成する繊維素となり、あるいは種子やイモに送られてデンプンに変換されて貯えられる。植物が炭酸ガスと水からブドウ糖を作り出す仕組みを光合成と呼ぶが、トウモロコシはイネやコムギに比べると、光合成の効率がはるかに優れていることが明らかにされている。

まいた種子の量に対する収穫量の比率を収穫率と呼ぶが、この収穫率をイネ科の穀物の間で比較すると、低いほうからコムギ、イネ、トウモロコシの順になる。一八世紀はじめ頃のヨーロッパでは、コムギの収穫率はせいぜい五〜六倍、つまり一キログラムの種子をまいても五〜六キログラムしか収穫できなかった。イネの収穫率はずっと高くて、江戸時代でも三〇〜四〇倍、現在の日本では一〇〇倍を超えている。つまり一キログラムのもみをまけば、秋には一〇〇キログラム以上のコメを収穫できる。トウモロコシの収穫率はコメをはるかに上まわっており、現在では一粒の種子をまいて、八〇〇粒の種子がついた穂軸を収穫することも可能である。

トウモロコシがコムギに比べて優れているのは、収穫率が高い点だけではない。同じ面積の畑からなら、トウモロコシは重量にしてコムギの三倍以上もの収穫が得られ、面積当りの収穫量という点では、穀類の中では比肩する相手がない。しかもコムギと違ってあまり土質を選ばないので、地味のよくない土地での栽培も可能である上に、ムギ類の耕作の際には必ず問題となる連作も可能である。

トウモロコシが優れた作物とされる三番目の理由は、さまざまな気候条件に適応して生育している点である。トウモロコシは本来、気温三〇度前後と温暖で、しかも日当たりのよい土地を好む作物であったが、新大陸の中を北はカナダから南はアルゼンチンまで、伝播していった先々で気候風土に適応していった。その結果、乾燥した高地で実りをもたらす品種もあれば、湿地を干拓したような湿潤な畑でもトウモロコシは栽培されているし、暑い砂漠の周辺が好きな品種もあれば、カナダの大西洋岸のように冷涼な気候のもとで実りをもたらすトウモロコシもある。トウモロコシはさまざまな気候条件のもとで、つまり地球上の広い地域での栽培が可能な作物なのである。

巧妙な三種作物の組み合わせ栽培

新大陸の先住民は紀元前五〇〇〇年の昔からトウモロコシを栽培してきたが、紀元前一〇〇〇年頃には、トウモロコシを軸にしてインゲンマメとカボチャの三種を組み合わせて栽培する、ユニークなトウモロコシの栽培法を確立していた。この栽培法の特徴は三種の作物の種子を同時に畑にまく点にある。トウモロコシは草丈が高く上へ伸びてゆく。インゲンマメはつる草であるため支柱を必要とするが、この畑ではトウモロコシの茎に巻きついて成長する。インゲンマメの根に共生している根粒菌《こんりゅうきん》は、大気中の窒素を取り込んで有機窒素に変える能力があるので、畑には自動的に窒素肥料が供給されることになる。カボチャは地表を這って育つので、成長する場がトウモロコシやインゲンマメと競合しないだけでなく、カボチャの葉は畑を覆って雑草が繁茂《はんも》するのを抑えてくれる上に、畑が乾燥するのを防ぐのにも役立っている。

この三種の作物を同時に栽培する方法は、単に栽培技術として優れているだけでなく、栄養学の面から見ても意味のある組み合わせである。トウモロコシに含まれているタンパク質のアミノ酸価は一三ときわめて低く、体内での利用効率が極めてよくない。トウモロコシを主食にするのであれば、副食でタンパク質を補わない限り生命を維持することは不可能である。新大陸には、ヨーロッパにおけるブタのように、食肉用に適する大型の家畜はいなかった。その当時、新大陸で食肉用に飼育されていたのは、七面鳥、アヒル、食用犬くらいで、庶民がこれらのタンパク質を口にできる機会は少なかった。

『日本食品標準成分表二〇一〇』によれば、インゲンマメにはほぼ二〇パーセント近いタンパク質が含まれているので、トウモロコシと一緒に食べることは、トウモロコシだけでは不足するタンパク質を補うという意味で好ましい組み合わせである。ハチミツくらいしか甘味料がなかった時代、カボチャはその甘味が人びとに好まれるだけでなく、ビタミンAを供給してくれる。動物性の脂肪もなく、大豆もなかった新大陸で、脂肪分を五〇パーセント以上も含んでいるカボチャの種子は、油の供給源として大切であった。トウモロコシを主エネルギー源としていた新大陸では、トウモロコシ、インゲン、カボチャという三種の作物を同時に栽培することによって、栄養学的にもバランスのとれた食生活を営むことが可能だったのである。

原産地でのトウモロコシの食べ方

コムギの場合は、小麦粉を練って発酵させた生地をパンに焼いたり、蒸して饅頭《マントウ》を作るか、あるいは小麦粉を練って麵類に加工する。コメの場合は、あらかじめコメを油で炒めてから炊く地域もあるが、いずれにしてもコメに水を加えて炊き上げるのが基本である。穀物にはそれぞれ世界に共通した調理法が見られるのが普通であるが、トウモロコシを主エネルギー源としている地域全体を見渡しても、共通する調理方法は見当たらない。トウモロコシを主穀物として食卓にのせているのは原産地の中南米にアフリカ諸国、中国の華北地方などがあるが、そこでの調理法は地域ごとにさまざまである。

トウモロコシの原産地、メソアメリカにおける初期の頃の食べ方は、熟したトウモロコシの粒を柔らかくなるまでゆでるか、乾燥した粒を石の上で叩いたり、すり潰したりした粉で粥を作るかのいずれかであった。紀元前二〇〇〇年頃に、トウモロコシの粒をアルカリで処理する方法が現れて以降、トウモロコシはメソアメリカの食生活の中心を占めるようになった。

マヤ族やアステカ族の人びとは、石灰や木灰を入れた水でトウモロコシをゆで、一晩そのままで

トルティーヤ作りに忙しいメキシコの市場（©R.CREATION / SEBUN PHOTO / amanaimages）

放置しておく。翌朝になると穀粒を包んでいる透明な硬い皮がはがれやすくなっている。その皮を洗い流した後、柔らかくなっている穀粒をメタテと呼ばれる石臼ですり潰して、マサと呼ばれる滑らかな練り粉を作る。このマサをベースにしてさまざまな料理が作られる。石灰や木灰を加えて処理をしたからといって、トウモロコシの食品としての栄養価が損なわれることはない。乾いた穀粒を粉にして調理する場合に比べると、特徴のある香りが出てくる上に、石灰や木灰に由来するミネラル分が強化されている。

練り粉マサの塊を円盤状に手で延ばして、熱い土器や鉄板の上で両面を軽く焼くと、しんなりとした薄い煎餅《せんべい》状のトルティーヤが出来上がる。出来上がりが直径三〇センチメートルもある大きなものから五センチメートルくらいのものまで、地域によって大きさはさまざまである。メソアメリカの食卓には、ほとんどいつでも、トルティーヤが置かれており、この地域の人びとの主食はトルティーヤであるといってもよいであろう。

トルティーヤの代表的な食べ方の一つがタコスであり、タコスはメキシコ人にとっての国民食といっても誤りではあるまい。肉、魚介類、ソーセージ、チーズ、野菜類、そのほか食卓に並んでいる食べ物を好きなようにトルティーヤに挟んだり巻いたりして、トウガラシを潰して作ったソースをかけて食べる。地方の町へ行っても、街角には必ず小さな食べ物の屋台が並んでいるが、なかでも数が多いのはタコスの店である。屋台のタコスは食事と食事の間の腹つなぎとして、あるいは夜食として土地の人びとの人気を集めている。

アンデスでは酒造りの原料に

インカ文明が栄えたアンデス地方にもトウモロコシは伝わっていたが、この地でのトウモロコシの利用法は、原産地メソアメリカの場合とはかなり異なっている。アンデス地方では、標高が三〇〇〇メートルあたりの高地に至るまで、トウモロコシが大量に栽培されている。しかし、先住民の血を引く人たちの日常の食事をみても、栽培されているほどにはトウモロコシは食卓に姿を見せない。アンデスの高地では、トウモロコシは主に酒造りの原料として使われる。トウモロコシの収穫量の八〇～九〇パーセントを、チチャと呼ばれる酒を造るための原料として使う地域もあるが、それは決して珍しいことではない。

オオムギを発芽させた麦芽からビールを造るように、発芽させたトウモロコシを原料にしてチチャを醸造するが、出来上がるのはアルコール分の少ない弱い酒である。チチャはアンデスの人びとにとって非常に重要な酒で、祭りや儀式に欠かすことができない飲み物である。祭りのときには彼らはチチャを夜通し飲んで踊るという。ときには祭りが一週間続くこともあり、そこで消費されるチチャは相当な量に上る。祭りや儀式の折りだけでなく、農作業などで、体力を消耗する激しい仕事に一区切りがついて休憩する際にも、喉をうるおすのと同時に疲れを癒すために、仕事に参加した全員でチチャを飲むことも珍しくない。

インカ帝国では、チチャの原料となるトウモロコシのほうが、単なるエネルギー源として消費されるジャガイモより、食料としての価値が高いと考えられている。アンデス高地では、トウモロコシが食料として消費される機会は決して多くはなかったが、食べ方としてはカンチャとモテの二種類がある。カンチャとはトウモロコシの粒を炒っただけのものであり、保存性がある上に持ち運びに便利なので、農作業など屋外での食事や旅をする際の携行食として利用されることが多かった。モテはトウモロコシを粒のまま、あるいは穂軸ごと煮ただけのものである。トウモロコシの大部分がチチャ造りにまわされてしまうという状況のもとでは、アンデス地域での食事の中心はジャガイモに頼らざるをえなかった。

2　世界中に広まったトウモロコシ

ヨーロッパ人との出会い

西インド諸島に到着したコロンブスの一行は、黄金とスパイスを求めて周辺の島々を探索する間に、はじめて目にする不思議な光景や事物に数多く出会うことになった。その一つがトウモロコシであり、『コロンブス航海誌』の一〇月一六日の項には、トウモロコシについてはじめての記述がある。

この島（バハマ諸島の一つ、ロング島）は青々としており、土地も平らで、地味も非常に肥えています。ここでは一年中バニソ（トウモロコシ）を植付けて、収穫していることは間違いありませんし、またその他の作物についても同様だと思われます。

同書に書かれている通り、この地方ではトウモロコシの種まきと収穫が少なくとも年に二回はおこなわれていると、コロンブスの航海に同行したラス・カサス神父は自身の著書『インディアス史』の中で述べている。さらに、『コロンブス航海誌』の一一月六日の項では、イスパニョーラ島の内陸部探索から戻ってきた二人の部下が、「あのバニソもあった」とコロンブスに報告している。ロング島やイスパニョーラ島だけでなく、カリブ海の島々ではトウモロコシがあまねく栽培されていたのである。人の背丈よりも高く伸び、穂軸にはムギよりはるかに大粒な穀粒をつけている植物は、彼らの目にきわめて珍しく映ったに違いない。コロンブス一行の目にはただ珍しい植物としか映らなかったトウモロコシであったが、やがて人間の食料としてよりも家畜の飼料としての重要度が高まり、欧米を中心とした肉食文化を支える大黒柱となるのである。

移住者たちの生活を支えた穀物

新大陸への航路が開拓されてから一六〇〇年代にかけて、楽ではないヨーロッパでの生活に別れを告げ、新大陸での生活に希望を託して、海を渡った移住者も少なくはなかった。新大陸に上陸した彼らの目にいやでも入ってくるのは、豊かに実ったトウモロコシの畑であって、ムギの穂波が風に揺れ、ウシやヒツジが牧草を喰《は》むといった、故郷の様子とはまったく異なる風景であった。移住者たちは上陸してからあまり時間が経たないうちに、この土地にはムギなどは一本も生えていないこととともに、トウモロコシが生きていく上で欠かせない食料であることを、身をもって知らされるのが常であった。

移住者たちの中には、トウモロコシによって辛うじて命を永らえた事例が少なくない。一つの有名な例が、メイフラワー号に乗って海を渡り、一六二〇年一二月二六日に（マサチューセッツ州にある）プリマスに上陸した、清教徒の一団ピルグリム・ファーザーズの一行一〇二名の場合である。上陸したプリマスの地では、三年前にこの一帯を襲ったヨーロッパからの伝染病によって、免疫を持っていなかった先住民は死に絶えており、この土地はいつでも人が住める無人の集落といった状態で残っていた。多くの場合、入植者たちがまず直面する最大の難題は、必ずといってもよいほどに先住民との間で起きるトラブルであったが、一行の場合はトラブルなしに無人の土地に上陸できたのに加え、先住民の住居や耕作地をそっくり、しかも無償で手に入れることができた。このことは、ピルグリム・ファーザーズにとって、何物にも代えがたい幸運であったとしかいいようがない。

例年になく厳しかった最初の冬を、ピルグリム・ファーザーズの約半数が生きのびることができたのは、プリマスに上陸する一ヶ月ほど前に、別の土地で先住民が貯蔵していたトウモロコシを密かに盗み出して、越冬用食料の準備ができていたからであった。春になって、生きのびた移住者たちにトウモロコシの植えつけ方や、魚を肥料とする栽培法を教え、秋に豊かな実りをもたらしてくれたのは、伝染病の猛威をかいくぐって生きのびていて、しかも英語を話すことができた一人の先住民であった。彼の存在がなかったら、つまりトウモロコシの栽培法を学ぶ機会がなかったら、その後数年は続いた厳しい冬を迎えて、ピルグリム・ファーザーズは間違いなく全滅していたはずである。

トウモロコシは移住者たちにとって見たこともない植物であり、はじめのうちは口にすることをためらうのが当たり前であった。しかし、持参したコムギやオオムギの種子をまいても、右も左も勝手のわからない土地では、期待するほどの収穫を得られるはずもなかった。背に腹は代えられず、移住者たちはトウモロコシを口にするようになり、食生活にとってトウモロコシが欠かせない穀物になるまでに時間はかからなかった。「トウモロコシを食べたとたんに、ヨーロッパ人はアメリカ人になる」という言葉があるように、初期の移住者の食生活の中にトウモロコシは深く根を下ろしていった。

英語でコーン（corn）という単語を耳にすれば、おおかたの日本人は反射的にトウモロコシを思い浮かべるに違いない。もともとコーンは「穀粒」あるいは「穀物」を意味する単語であったが、やがてそれぞれの国の代表的な穀物を表す言葉としても使われるようになった。イギリスでコーンといえばコムギを意味するが、スコットランドやアイルランドに行けば燕麦《えんばく》（オーツ）のことであり、アメリカ、カナダ、オーストラリアではトウモロコシをコーンと呼んでいる。ちなみに英語発祥の地イギリスで、トウモロコシを意味する単語はメイズ（maize）である。アメリカやカナダにおけるコーンという言葉が意味するところは、新大陸への初期の移住者たちにとって、トウモロコシがコムギをはじめとするムギ類よりはるかに重要な穀物であったことを示している。

ヨーロッパへ伝わったトウモロコシ

コロンブスが第一回目の航海を終えてスペインに戻った折りに、一行の誰かの手によって、トウモロコシはヨーロッパに持ち帰られていたのであろう。早くも翌年には、スペインでトウモロコシが栽培されていたという記録が残っている。伝わってきた当時、トウモロコシは食べ物として認識されていたわけではなく、穂の先に垂れる絹糸《けんし》を鑑賞するための植物として珍重されていたにすぎなかった。

最初にヨーロッパに持ち帰られた品種は、当然のことながら、カリブ海の島で栽培されていたトウモロコシであった。熱帯で栽培されていたこのトウモロコシは、ヨーロッパの冷涼な気候に適応するはずもなく、このときはトウモロコシの栽培がヨーロッパに定着することはなかった。一六世紀に入って間もなく、真夏でも平均気温が二〇度を超すことのないメキシコ中央高原での栽培種が持ち帰られると、ヨーロッパの中では比較的気温の高いスペインやイタリアの地中海沿岸にまず定着し、一五二〇年頃にはスペインの北部でもトウモロコシが栽培されるようになり、その栽培エリアは少しずつ広がっていった。

ワットリング島に到着したコロンブスに、さまざまな贈り物を差し出す先住民（Theodor de Bry）

一六世紀の中頃には南フランスでもトウモロコシが栽培されており、一六世紀末までにはバルカン半島からトルコにまで伝わっていた。南フランスに定着したトウモロコシは、世界の三大珍味の一つと称されるフォアグラ、つまりガチョウの肝臓を肥大させて脂肪肝を作るために、今では欠かすことのできない餌となっている。

また、同世紀中に、アメリカの北部やカナダの南西部など、北アメリカの中でも冷涼な地域で栽培されているトウモロコシが、イギリス、フランス、ドイツなど中部から北部のヨーロッパに伝わり、栽培されるようになっていた。しかし、これらの地域でも、トウモロコシは食料としては高い評価を得ることはなかった。

同じ頃、ポルトガルによって極東の日本にもトウモロコシは伝わってきていたが、それは後で述べる。

二級品の穀物との烙印

トウモロコシは穀物としてヨーロッパに伝わってきたが、原産地におけるトウモロコシの食文化、つまりアルカリを加えて煮沸してから練り粉マサを作り、トルティーヤを焼いて、タコスとして食べる文化は伝わらなかった。そんなわけで、ヨーロッパにおけるトウモロコシの調理法は、トウモロコシを粉にしてから水でといて焼くか、粒のまま粥にするかのいずれかであった。どちらにしても、小麦粉で作るパンとは雲泥の差のある食べ物しか作ることができなかった。パンを作ることのできないトウモロコシはヨーロッパの人びとを満足させることができず、またジャガイモにおけるビタミンCのような栄養効果もなかったので、食料としての評価は芳しくなかった。貧しい農民の日常の食べ物であったオオムギに野菜を加えて作るごった煮と、トウモロコシの粉で作る粥とでは何ら変わるところがない。ヨーロッパに伝わってきた当初のトウモロコシは、エネルギー源としては、最低のランクに位置づけられていた。

伝来してきた当時、トウモロコシは「トルココムギ」あるいは「トルココーン」などと穀物らしい名前で呼ばれていたものの、なかなか穀物の仲間としては認めてもらえなかった。「トルココムギはムギ類のどれよりも栄養価が少ない上に、固くて消化が悪く、人間よりも豚にふさわしい食べ物だ」などと、厳しい評価を受けていた。トウモロコシは二級品の穀物であるとの烙印《らくいん》を押されてしまい、上流階級の食卓に取り上げられるはずもなく、早い時期から、食料としてよりは家畜の飼料にふさわしい穀物だと考えられていた。

そのようなヨーロッパの中で、トウモロコシが日常の食卓に定着したのは、わずかに北イタリアとルーマニアの二ヶ所だけであった。トウモロコシの粉と水を混ぜて火にかけ、練り粉状にして食べる習慣がこの二つの地域で生まれた。北イタリアではトウモロコシの練り粉はポレンタと呼ばれている。火にかけた大鍋の中で練り上げたポレンタを調理台の上にあけて平らに延ばし、冷めるのを待ってから切り分ける。トマトやトウガラシで作ったソースをつけて食べ、あるいはミルクやハチミツをかけて朝食の食卓にのせる。

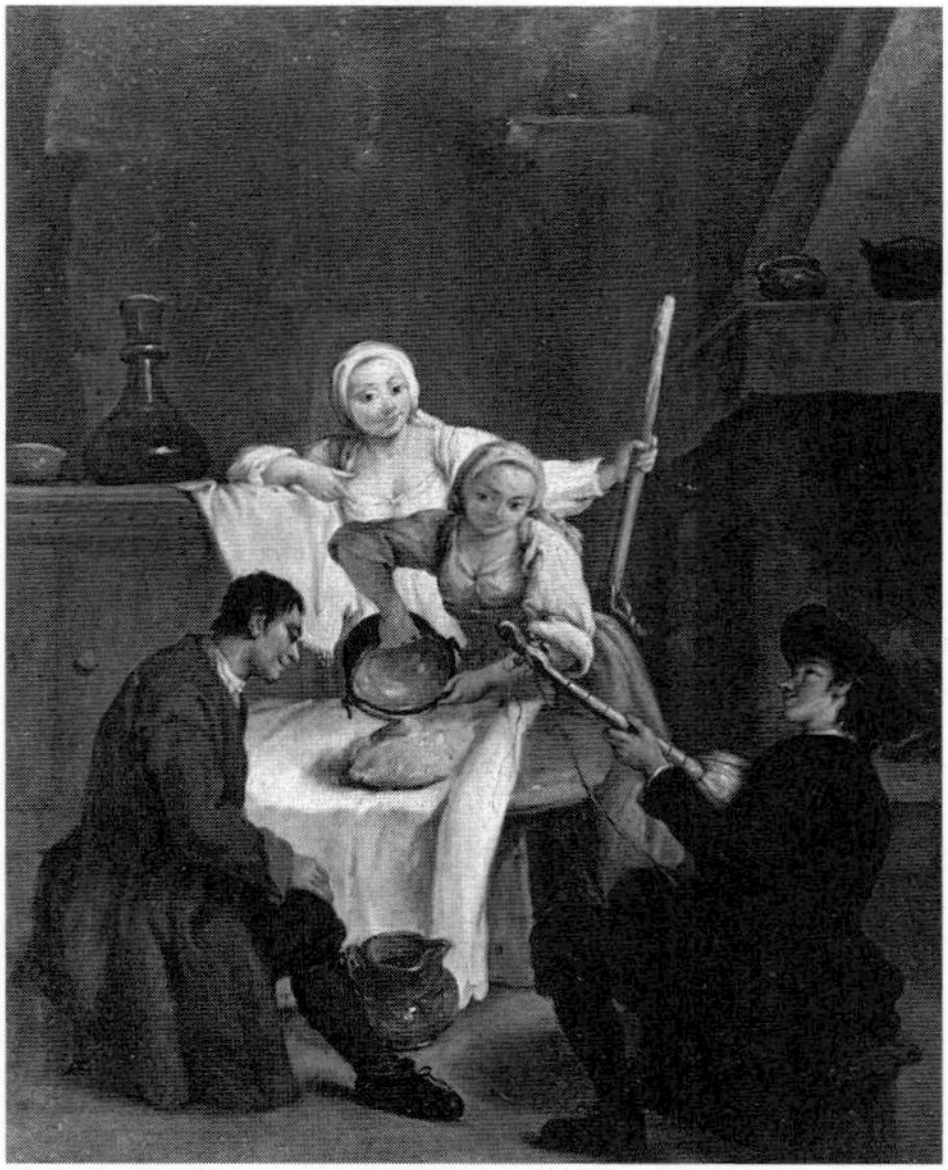
鍋から煮上がったポレンタをテーブルに出すところ（ピエトロ・ロンギ画『ポレンタ』／1740年頃）

現在では、野鳥やウサギなどの煮込み料理やソーセージなどのつけ合わせとして、食卓に上ることもあるが、以前は貧しい人びとの主食であった。ルーマニアではママリガと呼ばれており、ポレンタと同じようにして練り上げられたママリガは、ブタの脂身の燻製と一緒に炒めたり、チーズをのせて食べるのが一般的である。

アフリカ大陸では主穀物の座に

アフリカ大陸にトウモロコシが伝わったのは一六世紀の中頃のことで、イタリアかスペインのいずれかから北アフリカに伝わったのが最初である。農耕文化が伝わる速度は、伝わっていく方向によって大きな差が生じる。気温や日照時間が似かよっている東西方向へは比較的速やかに伝わるが、気象条件の差が大きな南北方向へはなかなか伝わりにくい。その上に、北アフリカからアフリカの中央部へトウモロコシが伝わっていくためには、広大なサハラ砂漠が大きな障害となって横たわっていた。現在、アフリカの中央部ではトウモロコシを主エネルギー源にしているが、この地にトウモロコシが伝わってきたのは北アフリカからではなく、まったく別のルートからであった。

一七世紀から一八世紀にかけて、アメリカの東海岸、中央アメリカ、ブラジルあたりの植民地では、先住民やアフリカ人の奴隷を労働力として使う砂糖、タバコ、コーヒーなどの農園経営が盛んになり、商品はヨーロッパへ向けて大量に輸出されるようになった。当時は、砂糖もタバコもコーヒーも、多くの労働力を必要とする典型的な労働集約型の産業であった。苛酷な労働条件と劣悪な生活環境の下で、奴隷は人間として扱われることもなく、短命であった。ヨーロッパではこれら植民地からの産物の需要は増え続け、その結果として新大陸では奴隷の需要が高まる一方であったが、先住民だけでは必要数の奴隷は集まらなくなった。ここに目をつけて始まったのが奴隷貿易である。

ヨーロッパから武器や日用品を船に積んでアフリカに向かい、西アフリカでそれらを売却して奴隷を買い入れる。武器を手に入れた部族は、鉄砲の威力で周辺の部族を襲って奴隷をかり集めるようになる。買い入れた奴隷を新大陸へ運んで農園の経営者に売りさばき、帰りの船には砂糖やタバコなど植民地の産物を積んでヨーロッパへ運ぶ、というのが奴隷貿易の基本的な仕組みである。奴隷として連れ去られたアフリカ人の多くは、ギニア湾岸の一帯でかつては奴隷海岸とも呼ばれた地域、現在のナイジェリア西部から、トーゴ、ベナン、ガーナ東部に至る海岸地帯から連れ去られていた。アメリカ合衆国で奴隷制度が廃止された一八六五年までの約三〇〇年の間に、一五〇〇万人以上のアフリカ人が奴隷として新大陸へ連れていかれたといわれている。

奴隷貿易が始まって間もない頃、ポルトガルの奴隷商人によって、トウモロコシはアフリカの西海岸へ持ち込まれた。新大陸へ運んでいく奴隷たちに、船内で与える安い食料を得るために、西アフリカでトウモロコシの栽培が始まったのである。やがてアフリカに住む人びとも、トウモロコシがエネルギー源として優れた穀物であることに気がつき、各地で自分たちの食料として栽培するようになった。トウモロコシが伝わる以前のアフリカの農業では、モロコシやトウジンビエなどが主エネルギー源として栽培されていたが、最近ではそれらに代わってトウモロコシの比重が高まってきている。

トウモロコシを石灰や木灰で処理をしてから食べる、メソアメリカの食文化はアフリカにも伝わらなかった。アフリカでは、地域によってウガリ、オギ、トー、ビディアなど呼び名もさまざまであるが、トウモロコシの粉で作った粥に、濃い薄いの差もあるが、トウガラシ入りのソースやシチューと一緒に食べることが多い。主食となるトウモロコシ、調味料として欠かすことのできないトウガラシ、いつの時期からかアフリカにおける食生活の基礎部分は、塩を除くと、新大陸からの作物が占めるようになってしまった。これもコロンブスが遺した功績の一つであろう。

日本では主食の座につけない

喜望峰をまわってアジアへ向かう航路が開拓され、一五〇〇年頃からポルトガル人がアジアに渡来するようになると、彼らの手でアジアの各地にトウモロコシが伝えられた。日本へは天正七年(一五七九)、長崎へ伝えられたのが最初とされている。その後、阿蘇山麓では主要な畑作物として定着し、灌漑《かんがい》の便のよくない山間部を東へ伝わって富士五湖周辺でも栽培されるようになった。この当時のトウモロコシはフリント種と呼ばれる品種で、現在ではもっぱら家畜の飼料用に栽培されている。焼トウモロコシや缶詰、冷凍食品など、食料品としてなじみの深いトウモロコシはスイートコーンと呼ばれ、フリント種とはまったく別の品種である。

阿蘇山麓と富士五湖地方は、ともに古くからトウモロコシを主食としていたことで知られている。

『本朝食鑑』の南蛮黍《なんばんきび》の項には「炙炮《あぶ》って食べるのがよい。晒乾《ひぼ》し、粉に磨《ひ》いて餅にするのも佳い」とあるように、両地方ともトウモロコシを粉に挽いてから団子にして食べていたようである。穀物としての生産性に優れているトウモロコシであったが、日本にはコメという素晴らしい穀物があったため、灌漑の便が悪くてイネの栽培が難しい土地以外では、トウモロコシが主食の座につくことはなかった。日本でトウモロコシを食べるといえば、江戸時代の昔から現在まで、未熟のものを焼いたり蒸《ふ》かして、間食として食べるのが一般的なイメージである。

トウモロコシが全国で栽培されるようになったのは、明治時代に新品種が導入されてからのことである。それまでは、もっぱらヨーロッパから伝わったフリント種のトウモロコシが栽培されていたが、明治三七年(一九〇四)にアメリカからスイートコーンの一種であるゴールデンバンタム種が導入され、北海道で栽培されるようになった。ゴールデンバンタム種の甘味ある味は日本人に好まれ、焼いたり蒸したりして食べる野菜として、また缶詰や冷凍食品などに加工されて日本中に普及していった。

現在、日本で栽培されているトウモロコシは二種類である。一つは生食用あるいは缶詰・冷凍食品用に向けられるスイートコーンである。もう一つ、茎や葉を青いうちに刈り取って家畜の飼料とするために栽培するのはヨーロッパ伝来のフリント種であるが、そのフリント種も、最近ではアメリカから導入されたデント種にとって代わられつつある。

3　トウモロコシが支える現代の肉食

穀物としての評価が低い理由

日本ではトウモロコシは雑穀の一つとして扱われており、食用作物としてはあまり重要視されていない。しかし、世界全体で見れば、トウモロコシはコメやコムギとならんで、生産量の多い穀物であり、この三品をあわせて三大穀物と呼んでいる。ＦＡＯ（国際連合食糧農業機関）が発表している二〇〇九年度の農林水産統計によると、世界での生産量は多い順にトウモロコシが八億二二七一万トン、コムギが六億八九九五万トン、コメ（もみ付き）が六億八五〇一万トンとなっている。つい数年前までは三者ほぼ六億トン台で拮抗した生産量であったが、ここ数年は米国などで、燃料用のバイオエタノール生産の原料としての用途が急増し、トウモロコシの生産量の突出が目につくようになっている。

ほとんどの国や地域では、生きていく上で欠かすことのできないエネルギー源を、三大穀物とジャガイモのいずれかに依存している。三大穀物はエネルギー源として食べる穀物だから、食卓に肉や魚などの動物性タンパク質、あるいは豆などの植物性タンパク質が添えられるのであれば、三大穀物に含まれているタンパク質の栄養価を比較することには意味がない。しかし、タンパク質のおかずが乏しい場合、特に貧困のためにタンパク質系の食品を手に入れるのが困難で、塩やトウガラシなどの調味料に野菜を添えるだけで、食事をしなければならないような環境の下では、その穀物に含まれるタンパク質の優劣は大きな意味を持ってくる。

三大穀物の中では、タンパク質のアミノ酸価がもっとも低い、つまりタンパク質の質がもっとも劣っているのがトウモロコシである。マウスなどの実験動物にトウモロコシだけを与えて飼育しても、トウモロコシのタンパク質では必須アミノ酸の一つ、リジンの含有量がきわめて低いので、マウスの健康な成長は望めない。人間の場合でも、食事の際にトウモロコシを腹一杯食べたくらいでは、リジンの必要量を満たすことは不可能である。継続的にトウモロコシを主食として食卓に上らせるのであれば、タンパク質系のおかずは絶対に欠かせない。タンパク質のおかずなしで、トウモロコシに依存する食事を続けていると、その日一日の活動のために必要なエネルギーは摂取できても、長期的には筋肉、臓器、血管などに異常をきたし、人の健康を維持することはできない。

食べ物を比較する場合には、栄養価の面だけでなく、「うまい」、「まずい」という嗜好の面も見落としてはならない。いくら栄養価が高くても、まずい食べ物には誰も手を出さない。嗜好には個人により、地域により、また民族によっても差がある上に、うまい・まずいという味覚の評価だけでなく、舌触りとか喉ごしといった口腔内での物理的な感触まで、複雑に絡み合ってくるので、おいしさを比較することは簡単なことではない。三大穀物をおいしさだけで単純に比較評価すると、日本人の嗜好ではトウモロコシがいちばん「おいしい」と評価される。おいしさの評価ではトウモロコシに負けるコメの場合、毎日食べ続けても飽きることはない。しかし、コメより「おいしい」と評価されるトウモロコシをご飯の代わりに毎日食べ続けると、間違いなく短期間のうちに飽きがきてしまう。日本人にとって、トウモロコシは食べてはおいしいけれど主食には向かない穀物である。

トウモロコシの利用範囲は広い

世界で最大のトウモロコシの生産国はアメリカであり、FAOの統計によれば、二〇〇九年度では全世界の生産量の四〇パーセント強を占めている。アメリカ国内ではトウモロコシの最大の用途は家畜の飼料であり、実に生産量の四五パーセント強が家畜によって消費され、一四パーセント程度のトウモロコシが輸出用に仕向けられている。残りのトウモロコシがバイオエタノールの原料やコーンスターチ、異性化糖（後述）などの食品加工用として使われている。

世界のトウモロコシの輸出量の六〇パーセント以上を担っているのがアメリカである。日本でトウモロコシの畑といえば、野菜用や加工用としてスイートコーンを栽培しているか、トウモロコシを青いうちに刈り取って家畜の飼料にするために栽培しているかのいずれかである。穀物を収穫するためにトウモロコシを栽培することはほとんどなく、穀物としてのトウモロコシはもっぱら輸入に頼っているのが実情である。日本は世界でも最大のトウモロコシの輸入国であり、年間一七〇〇万トン弱を輸入しているが、その九五パーセント以上をアメリカに依存している。飼料用穀物や牧草の栽培に向けられる土地に乏しい日本では、輸入されたトウモロコシのおよそ七〇パーセント強が家畜や家禽向けの配合飼料の原料として使用されている。日本とアメリカはもとより、ヨーロッパでも、飼料としてのトウモロコシなしでは、現在の肉食の水準を保つことができない構造になっている。

日本では、飼料用にまわした残りのトウモロコシ、輸入量の約二二パーセントが主にコーンスターチを作る原料として使われ、七パーセント程度がトウモロコシを粗びきしたコーングリッツとして醸造用や製菓用に使われている。デンプンを作る原料としては、サツマイモやジャガイモなどもあるが、もっとも多く使われるのは相対的に価格の安いトウモロコシである。デンプンは食品用、繊維用、製紙用などさまざまな産業で使われるが、なかでも最大の用途は食品用であり、水あめ、異性化糖、ブドウ糖などいわゆる「糖化製品」の原料として使われる量が多い。糖化製品以外にもカマボコやチクワなどの水産練り製品、ハム、ソーセージ、スープ、ソース、製菓用などと、多方面でデンプンが使われている。

デンプン溶液に酸あるいは酵素を加えて加水分解をさせ、分解の途中で反応を止めれば水あめが、最後まで反応を進めるとブドウ糖溶液ができる。ブドウ糖の甘味度は砂糖の七〇パーセント程度しかなく、できたブドウ糖溶液のままでは砂糖の代替原料として使うことは難しい。加水分解でできたブドウ糖溶液にさらに別の酵素を作用させると、ブドウ糖の一部が砂糖の一・五倍の甘味度を持つ果糖に変化する。こうして作られたブドウ糖と果糖の混合溶液は異性化糖と呼ばれる。異性化糖には砂糖とほぼ同じ程度の甘味があり、固形分に換算すると値段は砂糖よりも安いこともあって、食品業界では砂糖に代わる天然の甘味料として広く使われている。炭酸飲料や果汁入り飲料などでは、甘味料として砂糖の代わりに異性化糖が使われる場合が多い。

ブロイラーから始まった大量肥育

日本でもアメリカでも、トウモロコシの最大の用途は飼料であり、もっぱら大量肥育で消費されている。大量肥育とは、多数の家畜や家禽を密集させ、穀物を主にした配合飼料をふんだんに与えることによって、短期間のうちに個体を太らせて、肉を量産するための飼育法のことである。大量肥育の成果として，アメリカ人一人が一年間に消費する肉類の合計量は，二〇〇八年度で二〇六ポンド（約九三・四キログラム）に達している。一方、日本では同年度（平成二〇）の『食料需給表』によれば年間で一人当り二八・五キログラムの肉が供給されている。

もしもトウモロコシが存在しないとすると、穀物を主にした配合飼料を家畜や家禽に十分に与えることは難しくなり、肉の生産量も一人当りの消費量も、今よりもずっと少なくなり、肉の価格は高騰するであろう。ウシ、ブタ、ニワトリのいずれにしろ、現代の膨大な消費量に見合うだけの肉を供給できるのは、大量肥育のシステムが完成しているからである。その大量肥育を可能にしている最大の要因がトウモロコシの存在である。

第二次世界大戦中にヨーロッパ大陸へ派遣されたアメリカ軍では、兵士の士気高揚を図るために、食事の中の肉の量を増やすことを決定した。この決定によって、軍関係の食肉の需要が急に増えることになった。しかし、畜産農家は将来の需要をにらんで計画的に家畜や家禽の肥育をしているので、肉の需要が増えたからといって、翌日から出荷を増やせるものではない。ウシやブタはもとより、肥育期間がもっとも短いニワトリでも、成体にまで育てて出荷できるようになるまでには、一定の時間が必要であり、飼育頭数を増やすためには設備の増強もしなければならない。それまで需要と供給のバランスがとれている市場で、急に増加した軍の需要に合わせて、短時日のうちに肉の供給体制を整えるための知恵を絞ることになった。このような背景の中で、工業的にしかも短時日でニワトリを成鳥にまで育てあげる、ブロイラーの飼育法が開発された。多数のニワトリを屋内に密集させて収容し、穀物飼料を十分に与えて短期間で鶏肉を量産する方法である。ウシやブタなど対象となる動物の種類を問わず、このブロイラーの飼育法が現代の大量肥育の原点となっている。

ブロイラーの養鶏場。動きまわってエネルギーを消費することのないよう、身動きできないほど詰め込まれている（©PANA）

　庭先で太陽の光を浴びながら、草や土の中にいる虫をつついていたニワトリを狭くて薄暗い鶏舎の中に詰め込み、自由に身動きできないような環境において、つまり運動量を極度に制限することによって、エネルギー消費を抑えながら肥育を図るのである。鶏舎に詰め込まれたニワトリは自ら餌をあさることができないので、大量肥育を成功させるためには、まず飼料が十分にあるということが絶対条件になる。

新大陸に移住してきたヨーロッパ人たちは、先住民をだましたり、あるいは武器の力で追い払ったりして土地を略奪し、草原や森林を切り開いて大規模な農業を展開していた。穀物の生産量が増加して、人口の増加分を補ってもなお余るほどになり、余剰穀物をどのように処理するか、あるいは穀物の価格をどのように維持してゆくかが社会問題の一つになりつつあった。生産量が増加傾向をたどる穀物のうちで、大量肥育をするニワトリの餌にトウモロコシを振り向けることによって、アメリカは余剰食料問題の解決に一つの糸口を見出すことになった。

大量肥育を可能にした技術開発

大量肥育を可能にするためには、必要量の飼料を用意するだけでは十分でなく、いくつかの新しい技術開発が必要であった。大量肥育に利用された新しい技術開発の一つは、一九三五年に完成したビタミンDの合成技術であった。ヒトの場合もそうであるが、ニワトリでも骨格を正常に発育させ、それを維持するために欠かせないのがビタミンDである。紫外線を浴びていれば、自然に皮膚内に生成するビタミンであるから、庭先で放し飼いをしているニワトリにわざわざビタミンDを与える必要はないが、薄暗い鶏舎に詰め込まれたニワトリの場合は話が違ってくる。太陽光から隔離された鶏舎でニワトリを飼育しようとすれば、当然のことながらビタミンDが欠乏するので骨格が正常に発達しない、つまり商品として出荷できない奇形のニワトリばかりが育つという問題が生じる。幸いなことにビタミンDを合成する技術が確立していたので、飼料中に合成ビタミンDを添加しておくことによって、太陽の光が射し込まない鶏舎の中でもニワトリを正常に育てることが可能となった。

もう一つの大きな技術開発は伝染病を予防するための抗生物質の登場であった。ニワトリに限らず、多数の動物を狭い場所に収容して飼育する場合、ひとたび伝染性の病気が発生すれば、直ちに蔓延して大きな被害を受けることになる。太陽光からも土からも隔離されている上に運動まで制限され、極度に本能を抑圧されているニワトリはストレスが溜まって免疫力が落ちている。大量肥育しているニワトリを伝染性の病気から守るためには、あらかじめ伝染病の予防薬を飼料に混ぜ込んでおく必要がある。

一九四〇年代に入ってから抗生物質が続々と開発されてきた。一九四一年に世界で最初に実用化され、第二次世界大戦中に英国の首相ウィンストン・チャーチルを奇跡的に肺炎から救ったという伝説を持つペニシリン、特効薬として結核の治療に著しい効果を発揮したストレプトマイシンなど数多くの抗生物質が市場に導入されてきた。抗生物質は細菌による感染症に対しては画期的な効果を示す。ニワトリの飼料の中に抗生物質をあらかじめ添加しておくことによって、鶏舎内で発生する細菌性の病気を予防する上で顕著な効果があがることも実証された。

こうして、「より少ない飼料でより多くの肉を短期間で」を最大の目標とする大量肥育の手法がニワトリで完成したのである。やがてこの技術は世界各国での畜産近代化の手本となり、牛肉や豚肉の大量生産にも活用されるようになった。ウシ、ブタ、ニワトリなどで採用されている大量肥育法がなければ、現代の畜産業は成り立たず、当然のことながら肉の消費量を維持することは不可能である。

変化する家畜の飼育事情

ウシでもブタでも、あるいはニワトリの肥育の場合でも、柔らかい肉を短期間の間に作り出すためには、餌としてエネルギー量の多い穀物類を与えることが何にもまして重要である。価格とエネルギー量の両面から考慮するならば、穀類の中ではトウモロコシがもっとも飼料用穀物に適している。特にブロイラー用の飼料には、ニワトリが好んで食べるトウモロコシが五〇パーセント以上も配合されているほどである。トウモロコシ抜きではブロイラー産業は成り立たないし、無理に成り立たせようとすれば飼料価格とブロイラーの値上がりは避けられない。

肉牛の飼育もブロイラーの場合と事情はあまり変わらない。かつては離乳した子ウシを牧場で放し飼いにして、草を十分に食べさせて育てていたが、この方法では消費者が好む柔らかい肉を作ることは難しいし、成体に育つまでには時間もかかる。出荷する前の三〜四ヶ月間を牛舎につないで運動を制限し、穀類を主とした高カロリーの配合飼料を与えることによって、柔らかい肉を作るという肥育法も開発された。さらに最近では、母牛の乳は搾って売れば金になるので、生後一週間くらいから子ウシを代用乳で育て、離乳後も放牧して草を食べさせるようなことはせず、牛舎に収容したまま配合飼料を主体にして飼育をし、短期間で出荷できるように育てあげる肥育方法も実用化されている。かつて牧草中心で飼育していた頃は、体重が五〇〇キログラムほどに育って、出荷できるようになるまでには三年以上の年月が必要であったが、最近の肥育方法では生後一年以内の出荷さえ可能になっている。

代表的な豚舎の内部。機械から出る餌を食べる子ブタは、半年程度で出荷される（提供　長野クリエート株式会社）

ひと昔前までは日光を浴びながら泥まみれになり、近隣から集められてきた残飯を食べて育ったブタであったが、ブタの肥育方法も大きく変化している。生まれた子ブタは離乳すると、ひと腹単位（一〇頭前後）で肥育室に入れられる。機械が送ってくる配合飼料を食べさせられて、薄暗い豚舎に詰め込まれているブタもまた短期間で成長するようになった。かつては一年たっても一〇〇キログラムに満たない程度にしか育たなかったブタも、現在では生後半年も経つと一〇〇キログラムを超して、食肉市場へ集荷できるようになっている。

配合飼料には不可欠のトウモロコシ

穀物を飼料として使用する場合、もっとも重要な点は成長を早めるためのエネルギー量である。トウモロコシにはアミノ酸の組成面で若干の問題はあるが、エネルギー量はかなり多く、乾燥した穀粒には一〇〇グラム当りで三五〇キロカロリーものエネルギー量がある。それに加えて、トウモロコシが飼料用作物として高く評価される理由の一つは、単位面積あたりの収穫量が飼料用穀物の中でもっとも多いことである。これに価格の面を考慮に入れて、全体として判断するならば、トウモロコシは最高の飼料用穀物であって、トウモロコシに代替できる穀物はほかには見当たらない。

トウモロコシのタンパク質は栄養面での質がよくないことは先にも述べたが、家畜の場合もトウモロコシだけを与えていたのでは健全な成長は望めない。現代では、家畜の種類やその成長期ごとに、また肉牛用か乳牛用か、採卵用かブロイラー用かなどといった飼育目的別に、トウモロコシやコーリャンなどの穀物、タンパク質源として搾油後のダイズ粕や魚粉、ほかにもフスマ、ビール粕などを混ぜ合わせ、栄養上のバランスのとれた配合飼料が市販されている。

配合飼料全体を通じて、もっとも多く利用されているのがトウモロコシである。その中で、トウモロコシの使用比率は五〇パーセント前後であり、二番目に使用比率が多いダイズ粕の一三パーセント、それにつづくコーリャンの五パーセントを大きく上まわっている。日本だけではなく、アメリカをはじめとして、世界中の近代的な食肉産業は完全にトウモロコシの存在の上に成り立っている。

家畜の体重を一キログラム増やすのに必要な穀物飼料の量は、ウシで七〜八キログラム、ブタで四〜五キログラム、ブロイラーで二キログラムとされている。牛肉、豚肉、鶏肉のいずれを問わず、現代の社会で肉を食べるということは、知らず知らずのうちにその何倍ものトウモロコシを消費していることなのである。日本のトウモロコシ輸入量のうち、飼料用に回されているのは一二六〇万トン程度であり、日本人一人が一年間でほぼ一〇〇キログラムのトウモロコシを、家畜や家禽を通して肉や乳・卵に変換して食べている計算になる。一〇〇キログラムのトウモロコシといわれても、具体的なイメージが浮かばないのが普通であろう。平成二一年度の農林水産省「食料需給表」によれば、コメとコムギの国民一人当りの供給量は一年間で、それぞれ五八・五キログラムと三一・八キログラムであり、二つを足しあわせるとちょうど九〇・三キログラムとなる。つまり日本人は、主食として食べている穀物とほぼ同じ量のトウモロコシを、ウシやブタ、ニワトリを介して肉をはじめとするタンパク質に変換して消費しているのである。

トウモロコシの茎と葉も大切な飼料

トウモロコシは穀粒だけが飼料に使われて、現代の畜産業を支えているのではない。茎も葉も穂軸もひっくるめて、植物全体を飼料とする目的でトウモロコシを植えつけた畑を見かけることがある。このような畑では、トウモロコシの葉も茎もまだ緑色をしていて、穀粒がまだ熟しきらないうちに刈り取ってしまい、家畜の飼料にまわしている。これがいわゆる青刈りトウモロコシである。

日本における平成二一年度の青刈りトウモロコシの作付面積は九万二三〇〇ヘクタールで、ジャガイモの作付面積八万一〇〇ヘクタールを上回る面積である。

青いうちに刈り取られたトウモロコシの九〇パーセントは、茎も葉も穂軸も一緒に細かく裁断されて、サイロと呼ばれる貯蔵庫の中に詰め込まれ、一ヶ月くらいかけて乳酸発酵をさせる。このように、青刈りトウモロコシや牧草などを裁断して、乳酸発酵をさせた飼料はサイレージと呼ばれている。サイロ内で乳酸発酵をさせることによって、家畜はサイレージを喜んで食べるようになるし、また発酵の結果生じる乳酸の効果によって、サイレージを長期間にわたって貯蔵できるようになる。サイロに入れなかった残りの一〇パーセントの青刈りトウモロコシも裁断されて、そのまま飼料として家畜に与えられる。

イネ科の植物の茎は、ほとんどが麦わらのように中が空洞になっているのが普通であるが、トウモロコシの茎には組織が詰まっている上に、草丈も人間の身長以上に伸びる品種も珍しくはない。茎や葉を飼料として利用するという点から見ると、イネやムギ類に比べてトウモロコシは非常に優れた植物である。青刈りトウモロコシのサイレージでは、茎や葉とともに穂軸も未熟の種子ごと細かく切り込まれるので、同じ面積の耕地から得られるエネルギー量は、牧草類に比べると二倍以上にもなる。固形分の約半分に相当する穀粒はエネルギー源となり、残りの半分はウシやヒツジなど反芻《はんすう》動物の飼料として欠かせない繊維質である。エネルギー源と繊維質の両方をバランスよく含んでいる点が、牧草類にはない青刈りトウモロコシの大きな特徴である。

ウシやブタなど家畜を肥育する場合、配合飼料だけを与えておけばよいというわけではない。配合飼料だけに頼ると、家畜の消化器系統に異常が発生しやすくなるので、繊維素を多く含んでいる青刈りトウモロコシや干草あるいはフスマなどを、適度のバランスで与える必要がある。収穫量も多く、繊維素を含み、しかも家畜が喜んで食べる青刈りトウモロコシは、畜産農家にとっては大切な飼料なのである。

ヨーロッパで穀粒を目的にトウモロコシを栽培するについては、気候が冷涼なため不向きな地域も少なくないが、穀粒が完熟するまで待つ必要のない青刈りトウモロコシであれば、かなり広範囲の地域で栽培が可能である。トウモロコシの穀粒を収穫することが可能な地域でも、トウモロコシの穀粒を収穫してから飼料にまわすよりも、青刈りをしてサイロで発酵させたほうが、トータルコストの面で効率的であるという。

現代の畜肉産業の規模を維持していく上で、トウモロコシの穀粒はもとより、青刈りトウモロコシもまた欠かすことのできない大切な飼料である。ジャガイモが導入されて塩漬肉から解放されたことによって、ヨーロッパに本格的な肉食社会が誕生した。その後の人口の急増と一人当りの肉の消費量の増加にも応えて、トウモロコシの存在は、肉を不足させることなく食卓に供給することを可能にした。トウモロコシのおかげで、今日の肉食文化が維持されているのである。

終章　コロンブスの光と影と

新大陸原産の植物の恩恵はほかにも

すべての事象には、光のあたるプラス面もあれば、影におおわれたマイナス面も存在する。コロンブスの航海の成果にもプラス面とマイナス面が生じたのは当然のことであり、本書では現代社会への貢献というプラス面を取り上げてきた。本章では、さらに若干のプラス面を補足した後に、どのようなマイナス面が存在していたかを紹介して、コロンブスの航海が遺した功罪の全体像を明らかにしておきたい。

一四九三年、第一回目の航海から帰る際に、コロンブスの一行がトウモロコシ、トウガラシ、タバコの三品を持ち帰っていたことは間違いない。それ以降も、新大陸原産の多くの植物がヨーロッパに伝わり、やがて文明や食文化に大きな影響を与えてきたことは、第一章から第六章で取り上げた通りである。それらの植物以外にも、サツマイモ、カボチャ、トマト、インゲン豆、ピーナッツ、パイナップルなど、多くの新大陸由来の植物が現代の食卓を賑わせ、人びとの味覚を楽しませてくれている。

食べ物以外ではキナの木も新大陸が原産であることを忘れてはなるまい。ヨーロッパ人による熱帯地域の開発に際しては、風土病であるマラリアが大きな障害として立ちはだかったはずである。マラリアの特効薬であるキニーネは、アンデスの山中に生えるキナの木の樹皮を原料として作られる。このキニーネの存在なしでは、熱帯地方に足を踏み入れたヨーロッパ人はマラリアから逃れる術もなく、全滅するか、撤退を余儀なくされたに違いなく、熱帯地方の開発、さらには植民地化も不可能であったろう。結果として、北緯二〇度から南緯二〇度の間にある熱帯地域の開発は遅々として進まず、現在とはいささか異なった文明社会が生まれていたに違いない。ヨーロッパ人による熱帯地域の開発を可能にしたという意味では、キナも取り上げるべきであったかもしれない。

一九四〇年代に入ってから、ハマダラカによって媒介《ばいかい》されるマラリア対策として、画期的な効果のある二つの新兵器が出現してきた。一つはマラリアの治療薬としてクロロキンを代表とする合成薬剤が開発されたことであり、クロロキンの治療効果はキニーネの数十倍に及ぶといわれた。もう一つは、史上最強と称される殺虫剤ＤＤＴが実用化され、ハマダラカの駆除に大きな効果をあげた。マラリアに悩まされ続けてきた地域では、かつてはマラリアによる死者は年間八〇万人にも及んだとされているが、この二つの薬剤の登場によって、マラリアによる死亡者数は激減した。このようにキナは担っていた重要な役割を次世代の薬品に引き継いだものと考え、本書で取り上げることを見合わせた。

しかし残念なことに、薬剤耐性を持つマラリアの出現、アフリカにおける貧困問題などにより、一時は激減したマラリアによる死亡者は増加の傾向をたどり、アジア・アフリカの多くの地域の発展を阻害する要因となっている。

食料の供給基地へ変身した新大陸

新大陸へ移住した人びとの生活が安定してくるのにともない、ヨーロッパから新大陸に持ち込まれた植物や動物も少なくなかった。コムギ、サトウキビ、ダイズ、オレンジ、綿花などの農作物、ウシ、ウマ、ブタなどの家畜が新大陸に持ち込まれ、牧畜を含めたヨーロッパの農業をそっくり新大陸に再現しようと試みた。新大陸の気候風土にも恵まれて、移住者たちのもくろみは実を結んだ。短期間のうちに、新大陸は農産物や畜産物をふんだんに産出する豊かな地域へと変貌を遂げたのである。

ＦＡＯの統計によると、主要な農畜産物について、二〇〇八年度の世界の輸出量に対して新大陸からの輸出量が占める割合は、コムギ四四・〇パーセント、トウモロコシ七六・四パーセント、コメ一七・八パーセント、ダイズ九七・〇パーセント、牛肉四〇・〇パーセント、豚肉三四・七パーセントとなっており、世界の食料需要に対する新大陸の貢献はきわめて大きい。新大陸は世界でもっとも重要な食料の供給基地となっており、日本をはじめとして多くの国々の人びとの生活を支えている。食料の需給という視点でいうならば、新大陸原産の植物がヨーロッパに及ぼした影響より、ヨーロッパから渡っていった動植物が新大陸に与えている影響のほうが大きいであろう。

確かに新大陸は世界の食料供給基地になったが、住民レベルで見るならば、その恩恵に浴して懐がうるおっているのはヨーロッパからの移住者とその子孫たちだけであり、先住民がその恩恵にあずかることはほとんどなかった。農業や家畜の飼育に適した土地、あるいは地下資源が見込まれる土地などから、先住民は一方的に追い出されてしまった。往年のハリウッド映画の影響で、インディアンと呼ばれていた先住民は白人の西部開拓を邪魔する野蛮な未開人というイメージが作られたが、実は白人が馬と鉄製の武器の威力をかさにきて、平和な生活を送っていた先住民の土地を無法にも奪っていったのである。土地を奪われ白人への抵抗に力尽きた先住民は、白人の政府が決めた居留地に住むか、食料生産にあまり適さない西部の乾燥した土地、あるいは北極圏などで細々と生活を営む以外には、生き残る道は残されていなかった。

コロンブスによって道が拓かれた新旧大陸間の交流では、圧倒的にヨーロッパ側にプラスをもたらし、先住民側にはプラスらしいプラスは見当たらず、大きなマイナス面だけが残ったのである。

激しかった先住民の人口減少

世界史の中で、人口がもっとも激しく変動したのは、新旧大陸間の交流が始まって以降の新大陸であるとされている。

フランス文学者で人類学者でもある山内昶は『食の歴史人類学』で、先住民の人口激減の例をいくつかあげている。「メキシコの人口は一五一九年には二五〇〇万あったのが、一六〇五年には一〇七万五〇〇〇人にまで」、「アンデス地方では一五三〇年におよそ一〇〇〇万人いたと推定されるが、六〇年たった一五九〇年には一三〇〜一五〇万人位に減ってしまった」、「全体としてみると、一五〇〇年に新大陸でおよそ八〇〇〇万人の住人が暮らしていたが、一六世紀半ばにはたった一〇〇〇万人が残っているにすぎなかった」などである。ほぼ半世紀の間における新大陸の人口減少率は八七・五パーセントに達していた。

別の研究によると、カナダを含めてアメリカ合衆国より以北には、かつて少なくても一〇〇〇万人、多ければ一八〇〇万人の先住民が住んでいたと推定されている（『アメリカの歴史を知るための60章』）。しかし、コロンブスの到来から四〇〇年たった一九世紀末、アメリカ合衆国にはわずか二五万人の先住民しか残っていなかった。それ以降は、アメリカ政府の保護施策もあって、先住民の人口は増加に転じ、現在では先住民の数は二〇〇万人を超すまでに回復している。

先住民の人口のすさまじいばかりの減少は、三つの要因によって生じたものである。一つはヨーロッパ人、特にスペイン人が新大陸を征服する過程でおこなった大規模な先住民の虐殺《ぎゃくさつ》、二つ目の要因は先住民の奴隷化と強制労働による衰弱死、最後にヨーロッパから持ち込まれた天然痘やインフルエンザなどの病原菌による病死である。これらの要因が時には単独で、あるいは重複して先住民に襲いかかり、先住民は民族滅亡の危機に瀕し、なかには消滅してしまった部族も少なくはなかった。

征服者による先住民の虐殺

一六世紀、キリスト教文明下の社会で一人前の人間として認められるための条件は、「白人男子」、「成人」、「クリスチャン」の三つの要件を備えていることであった。したがって、白人であっても女性は一人前の人間としては認められることはなかった。当然のことながら、新大陸の先住民たちも含めて、異教徒や白人以外の民族は人間以下の存在であり、人間より動物に近いものと見なされていた。

旧約聖書の創世記には、洪水が終わった後で、ノアとその家族を祝福して神から贈られた言葉として、「地のすべての獣、空のすべての鳥、地を這うすべてのものと海のすべての魚は恐れおののいて、あなたがたの支配に服し、すべての生きて動くものはあなたがたの食物となるであろう」と書かれている。つまり、人間を動物の上位に位置づけて、人間と動物の間にはっきりと一線を画し、動物を殺して自らの命をつなぐことを人間の権利として認める言葉であった。新大陸へ渡ってきた白人男子のクリスチャンにとって、「あなたがたの支配に服し」の一節は、人間以下の存在とみなされる先住民に対して、生殺与奪《せいさつよだつ》の権利を神から与えられたと信ずるのに十分な証文であった。

スペインから来た征服者たちが、先住民の虐殺に踏み切るための口実は簡単なものであった。彼らは先住民たちに対して、スペイン国王への忠誠と、キリスト教への改宗を求めた。見たことも聞いたこともない王に忠誠を尽くせ、どんな神なのかわからない宗教に改宗せよ、と耳になじまないスペイン語で言われても、先住民たちには返事のしようがない。言葉が十分に通じないための寡黙をスペイン人は拒絶とみなしたのである。この時点で、彼らは先住民を殺害するのに十分な理由を持ったのである。

征服者たちの非道な行為に対して、先住民の救済を説く聖職者の一人であったラス・カサス神父が、スペイン国王カルロス五世に訴えた報告書を基にして書いた『インディアスの破壊についての簡潔な報告』がある。征服者たちは神と国王に対する畏怖《いふ》心をまったく失ってしまっただけでなく、自制心まで失くして略奪と殺戮《さつりく》をおこなっているとして、次のように書き記している。

スペイン人たちは、（中略）これらの従順な羊の群に出会うとすぐ、まるで何日もつづいた飢えのために猛り狂った狼や虎や獅子《しし》のようにその中へ突き進んで行った。この四〇年の間、また、今もなお、スペイン人たちはかって人が見たことも読んだことも聞いたこともない種々様々な新しい残虐きわまりない手口を用いて、ひたすらインディオたちを斬り刻み、殺害し、苦しめ、拷問《ごうもん》し、破滅へと追いやっている。

また、この報告書の別の箇所では、想像を絶する規模の先住民殺戮についても次のように伝えている。

一五一八年四月一八日にヌエバ・エスパーニャに侵入してから一五三〇年にいたる一二年の間ずっと、スペイン人たちはメキシコの町とその周縁部で（中略）血なまぐさい残忍な手と剣とでたえず殺戮と破壊を行なった。領土一帯には、トレド、セビーリャ、バリャドリード、サラゴーサ、それにバルセローナの町の人口を加えた数よりもはるかに多い大勢の人がひしめきあって暮していた。（中略）一二年の間、スペイン人たちはこの四五〇レグワ〔一レグワは約五・六キロメートル〕の領域で老若男女を問わずすべてのインディオを短刀や槍で突き刺したり、生きたまま火あぶりにしたりした。結局、彼らは四五〇万以上の人びとを虐殺した。

スペイン軍は鉄製の剣や槍を持って鎧《よろい》を着用している上に、機動力のある馬を持っていたのに対し、先住民側の武器は石や青銅で作った棍棒《こんぼう》と手斧しかなく、身を守る防具も布製の刺し子しかなかった。装備面で明らかに劣る先住民側が侵略者に対抗するためには、数の力に頼る以外の戦術はなかった。多くの場合、優劣は戦う前から明らかであり、先住民の側にはスペイン人の残虐な行為を阻止する手段はないに等しかった。

強制労働による衰弱死

コロンブスが航海に出る前に熱心に読んでいた本の一つに、マルコ・ポーロの『東方見聞録』がある。そこには、「黄金は無尽蔵にあるが国王は輸出を禁じている」さらには「宮殿の屋根は黄金でふかれており、宮殿の道路や部屋の床は四センチの厚さの純金の板を敷きつめている」など、ジパング（日本）が黄金の宝庫であるかのように書いてある。コロンブスの航海の目的は明確であった。目的の一つはジパングの黄金を手に入れることであり、もう一つはイスラム教徒が支配する土地を通ることなくインドのスパイスを持ち帰ることであった。ジパングの黄金を手に入れるために、第二回目の航海以降、コロンブスはイスパニョーラ島を新大陸経営の拠点に定めた。

コロンブスがこの島に求めたのは黄金の採集であった。労働という習慣がなかった先住民たちを、強制的に金の採れる鉱山へと連れてゆき、苛酷な労働をしいた。それまでは、自然の恵みに満足して平穏に暮らしていた先住民たちは、労働にはまったく不慣れであり、黄金採掘の労働に耐える体力は備わっていなかった。このため、イスパニョーラ島の住民は減る一方であった。コロンブスがはじめて来た頃には三〇万人はいたという人口も三〇年後の一五二〇年には一万六〇〇〇人までに減ってしまった。一五四一年に国王に提出された『インディアスの破壊についての簡単な報告』には、「今ではわずか二〇〇人ぐらいしか生き残っていないのである」と書かれている。

住民の減少はイスパニョーラ島だけのことではなかった。先住民が減ってくると、鉱山や、もう少し時代が経ってから開拓されたサトウキビ農園では、労働力の不足が深刻な問題となってきた。労働力を補充するために、カリブ海一帯で大規模なインディオ（先住民）狩りがおこなわれるようになった。連行されてきた先住民たちは、連行の途中で、あるいは鉱山や農園での強制労働が原因でばたばたと死んでいった。ここでも、ラス・カサス神父は「かつてその島々には五〇万人以上の人が暮していたが、今は誰ひとり住んでいない」と報告書に書いている。カリブ海の島々から先住民の人影が消えた後には、熱帯地域での労働に適していると考えられたアフリカ人が、奴隷貿易によって連れてこられるようになった。

病原菌への免疫のない先住民

新大陸で先住民の人口が激減したもう一つの原因は、これが最大の原因かもしれないが、ヨーロッパから天然痘、ハシカ、結核、インフルエンザなど、さまざまな伝染病の病原菌が持ち込まれたことである。これらの病気はヨーロッパの社会では日常的に見られる病気であり、ヨーロッパ人には免疫や抵抗力が自然のうちに備わっていた。しかし、これらの病原菌にはじめて接する先住民は、免疫や抵抗力をまったく持ち合わせていなかったため、ヨーロッパ人が持ち込んだ病原菌は、彼らが生活圏を広げていくよりも速いスピードで、先住民たちの間に伝わり、多くの命を奪ったのである。

北アメリカ大陸に栄えていた先住民文明の中でも、もっとも進歩していた文明の一つと目されているミシシッピ文明圏も、ヨーロッパからの病原菌の犠牲となり、一七世紀の後半までには姿を消してしまった。ヨーロッパからの移住民たちがミシシッピ川の流域に到達する以前に起きた悲劇であった。この例に見るように、征服者による虐殺や強制労働による衰弱死といった被害が発生していなかった地域でも、先住民は病原菌の前になす術もなく倒れていったのである。

インカ帝国がピサロによって滅ぼされた遠因も、コロンビアに移住してきたスペイン人が持ち込んだ天然痘であった。この天然痘の流行によって、当時のインカ皇帝も、その後継者もあいついで死んでしまったため、最後の皇帝となったアタワルパと異母兄のワスカルの間に王位をめぐる争いが起きていた。内戦状態にあったインカ帝国は、挙国一致してスペイン軍に当たることができなかった。この分裂状態を巧みに利用することによって、ピサロは少数の軍勢でありながらインカ帝国を征服することができたのである。

アメリカ大陸で栄えていたもう一つの文明、アステカ帝国の場合もまた、病原菌が国家滅亡の遠因となっている。スペイン軍が最初に攻撃をしかけてきたときには、なんとか持ちこたえたアステカ帝国であったが、その後に大流行した天然痘のため、人口の半分以上が倒れてしまい、壊滅的な打撃を受けていた。そこへ少数ながら強力な軍事力を誇るスペイン軍が攻撃をしかけてくると、アステカ帝国にはそれに耐えるだけの力はもはや残っていなかったのである。

新大陸の抵抗――梅毒

新大陸はヨーロッパから持ち込まれた数多くの病原菌で大きな被害を受けたが、そのお返しとして梅毒というやっかいな病気を用意していた。梅毒については、ヨーロッパ起源説とアメリカ起源説があって、長い間論争が続けられてきたが、二〇〇八年にアメリカのエモリー大学のクリスティン・ハーパーらの研究成果が発表され、梅毒は新大陸を起源とする説に軍配があがった。

この病気は、コロンブスの一行が第一回目の航海の際に、イスパニョーラ島から持ち帰ったもので、彼らが帰国した一四九三年には早くもバルセロナ市内で流行した。一四九五年フランスのシャルル八世がイタリアに侵攻した際に、ナポリで梅毒の大流行が起こり、数年のうちにヨーロッパ全土へと流行は拡大した。この時代は戦乱に明け暮れていた時代であり、また売春が史上もっとも隆盛をきわめたといわれる時代でもあり、梅毒が大流行するための条件が整っていたのである。

ヨーロッパで大流行した梅毒は、大航海時代の波にのって、東へ向かって非常に速い速度で伝わっていった。バスコ・ダ・ガマの艦隊によって一五世紀末にはインドに伝わり、一六世紀のはじめには中国の広東にまで達していた。コロンブスが最初の航海でスペインに戻ってからわずか二〇年後の一五一二年には、三条西実隆《さんじょうにしさねたか》の『再昌草《さいしょうそう》』中に「四月二四日、道堅法師、唐瘡《からかさ》（梅毒のこと）をわずらふよしもうしたりしに、云々」と、梅毒についての日本最初の記述が見られる。交通が発達しているとはいえない時代に、梅毒は二〇年で地球を一周したことになる。鉄砲が伝来した一五四三年に、ヨーロッパ人がはじめて日本に到来したことに比べると、梅毒がいかに速いスピードで世界中に蔓延していったかがわかる。

古い時代には、梅毒は唐瘡あるいは琉球瘡と呼ばれており、中国から、あるいは沖縄を経て日本に入ってきたものと推測される。室町時代末期から戦国時代にかけての動乱期に、梅毒は日本社会に広く浸透していった。『解体新書』で知られる杉田玄白も回想録『形影夜話《けいえいやわ》』（一八〇二年）の中で、「年間一〇〇〇人の患者のうち七〇〇～八〇〇人が梅毒患者であった」と回想しているほどである。特効薬であるペニシリンなどの抗生物質がなかった時代、梅毒の確実な治療法はなく、徳川家康の第二子である結城秀康、加藤清正、前田利家などの著名人が梅毒で命を落としている。明治時代になっても梅毒浸透の勢いは衰えることなく、梅毒が下火になったのは第二次世界大戦以降のことであった。

梅毒は国を越え、時代を越えて世界をまわり、多くの人びとを悩ませてきた。ヨーロッパ人の進出によって痛めつけられてきた新大陸、まさにその新大陸のささやかな抵抗であったと考えられるだろう。

コロンブスへの謝辞

第二次世界大戦が終わってしばらくの間、日本人の食生活といえば主食としてのコメ、ムギにイモ類、副食の中心は野菜で、たまに魚介類が出ればご馳走であった。米飯の代わりに食卓にのる蒸かしたジャガイモ、主食として配給されるトウモロコシの粉などが、コロンブスとの細々として接点だったといえる。「もはや戦後ではない」というスローガンが登場してきた昭和三一年（一九五六）頃まで、映画や雑誌を通して目に入ってくるアメリカやヨーロッパの生活は、日本人にとって憧れの的であった。

オープンカーに乗ってレマン湖のほとりを疾走するエリザベス・テーラー、厚みが一〇センチメートルはあろうかという分厚いサンドイッチにかじりつく、アメリカの人気漫画『ブロンディ』の主人公の一人ダグウッド、ゆったりとしたソファーに腰をおろして、ブランデーを片手に葉巻をくゆらす金髪の紳士たち。どれ一つをとっても、当時の日本ではまったく別世界としか思えない光景だった。これらの、いわゆる「欧米的な生活」の下支えとなっているのが、コロンブスが遺した種子なのである。

昭和三六年（一九六一）からの一〇年間で日本の国民総生産（ＧＤＰ）を二倍に成長させるという所得倍増計画は、予定を大幅に短縮して達成され、その後のいわゆる高度成長期へと入っていった。この頃になって、ようやく、テレビ（白黒）、冷蔵庫、洗濯機、つまり三種の神器と称される家電製品が、家庭での新しい生活や消費行動を象徴するものとして普及しはじめた。三種の神器が家庭に導入されるのにともなって、かつては高嶺の花だった「欧米的な生活」が日本人にとっても身近なものとなり、コロンブスの業績が日本人の周辺にも色濃く感じられるようになってきたのである。

そして、日本のみならず、世界中にコロンブスの遺した種子は広がり、その業績はさまざまに形を変えて、現代社会に恩恵をもたらしてくれている。新大陸原産の植物たちが、食文化、ひいては文明を、大きくしかも快適な方向へと変えてくれたことは、誰もが認めるところであろう。

あとがき

私が食文化の歴史を学んできて、興味深いと感じたテーマの一つに、日本における肉食の歴史があった。

天武四年（六七五）に仏教の影響から天武天皇が公布した「殺生禁断の詔《みことのり》」以降、一〇〇〇年以上にわたって日本列島から姿を消していた肉食だったが、明治維新とともに急に復活したのである。

日本は欧米諸国に対して国を開いた以上、独立を維持しながら、列強諸国に肩を並べて生き抜かなければならなかった。そのために、一つは列強諸国と国交を結び、彼らの優れた近代文明を取り入れ、富国強兵を図ることであり、もう一つは欧米の文明に一日も早く同化して、彼らと同じ文明を共有する仲間であることを示すこと、つまり文明開化の実を上げることであった。その一環として、明治五年（一八七二）一月一四日には、明治天皇が肉食をはじめられる旨の政府示達が出された。

それまで社会の表から姿を消していた肉食を、天皇の名を使ってまで公式に解禁したということは、国民も天皇に倣って肉を食べてほしいという政府の強い願いが込められていたのである。まさに文明開化を象徴する出来事だった。

明治二四年（一八九一）に徴兵検査を受けた三二万人に及ぶ二〇歳男子の身長のうち、全体の二〇パーセントを占め、その割合がいちばん大きかったのは、五尺一寸（約一五五センチメートル）であった。女子にいたってはさらに一〇センチメートルは低かった。このような現実を踏まえ、日頃から欧米人に接する機会の多かった当時の政府要人たちの共通認識は、「肉食のため、欧米人は頭がよく、科学技術を発達させ、かつ、肉食によってもたらされる優れた体格とあいまって世界を制覇した」ということであった。そして明治維新以後の長い間、欧米の肉を中心とした食生活は、日本人が模範とすべきものとして受け止められてきたのである。

しかし、ヨーロッパの食文化の歴史をひもといて見れば、質・量の両面で肉食が広く一般に定着したのは一九世紀に入ってからのことで、明治新政府が目標とした欧米の肉食は、実は、生まれてからまだ間もない食文化だったのである。

そして、その新しい肉食文化をヨーロッパに定着、発展させた決定的な存在が新大陸原産のジャガイモとトウモロコシだと知り、新大陸原産のほかの植物たちにも興味が沸き、その伝播の歴史と現代社会に与えている影響を探究してきたことが本書につながっている。

「テーマの大きさに対し、知識も筆力も及ばないのでは?」という恐れを抱きながら書き終えたが、幸いなことに、多くの先人がさまざまな文献を読んでそのエキスを書物に纏《まと》めて刊行してくれている。また、見ただけでめまいがするような古文書を読み解いて資料として残してくれた先達も多く、たくさんの資料を手にできたことは何物にも代えられない幸いであった。

とはいえ、執筆に際しては多くの方々のお世話になった。ゴムおよびタイヤに関する資料を提供していただいた山田耕二氏（トヨタ博物館学芸グループ）、ならびに鹿田博史氏（ブリヂストンお客様相談室長）、タバコに関する資料を提供していただいた岩崎均史氏（たばこと塩の博物館学芸部）、トウモロコシに関する資料を提供してくれた中学・高校時代の畏友中村厚氏（日本製粉前専務取締役）、チョコレートの健康に関する資料を提供してくれた蜂屋巌氏（明治製菓前食料総合研究所長）に厚くお礼を申し上げたい。力量不足のため、書き足りない点、あるいは史実の理解不足などがあろうかと思う。それらの点についてのご指摘やご教示を賜れれば幸いである。

上記の方々のほかにも、本書執筆中に、多くの方々からさまざまな示唆や激励をいただいている。これらの方々には本書の上梓をもってお礼に代えさせていただく。

二〇一一年七月

酒井伸雄

引用・参考文献

A・サトクリッフ、A・P・D・サトクリッフ『エピソード科学史 Ⅲ／Ⅳ』（市場泰男訳） 現代教養文庫 一九七二年
青木康征『コロンブス――大航海時代の起業家』中公新書 一九八九年
安達 巖『日本の食物史――大陸食物文化伝来のあとを追って』同文書院 一九七六年
石毛直道『食生活を探検する』文藝春秋 一九六九年
石毛直道『食卓の文化誌』文藝春秋 一九七六年
石毛直道『食の文化地理――舌のフィールドワーク』朝日選書 一九九五年
内林政夫『ことばで探る食の文化誌』八坂書房 一九九九年
梅棹忠夫ほか『食事の文化――世界の民族』朝日新聞社 一九八〇年
大山莞爾ほか責任編集『世界を制覇した植物たち――神が与えたスーパーファミリーソラナム』学会出版センター 一九九七年
小野重和『和風たべもの事典――来し方ゆく末』農山漁村文化協会 一九九二年
クリストーバル・コロン『コロンブス航海誌』（林屋永吉訳） 岩波文庫 一九七七年
加藤秀俊『食の社会学』文藝春秋 一九七八年
酒井伸雄『日本人のひるめし』中公新書 二〇〇一年
鯖田豊之『肉食文化と米食文化――過剰栄養の時代』講談社 一九七九年
猿谷 要『物語アメリカの歴史――超大国の行方』中公新書 一九九一年
ジャレド・ダイアモンド『銃・病原菌・鉄――一万三〇〇〇年にわたる人類史の謎 上／下』（倉骨彰訳） 草思社 二〇〇〇年
週刊朝日百科『世界の食べもの』朝日新聞社 一九八〇～八三年
シルビア・ジョンソン『世界を変えた野菜読本――トマト、ジャガイモ、トウモロコシ、トウガラシ』（金原瑞人訳） 晶文社 一九九九年

田村真八郎『食生活革命――西欧型から新しい日本型へ』風濤社　一九七五年
中丸　明『海の世界史』講談社現代新書　一九九九年
服部幸應『コロンブスの贈り物』ＰＨＰ研究所　一九九九年
ハーバード・Ｇ・ベーカー『植物と文明』（阪本寧男、福田一郎訳）東京大学出版会　一九七五年
人見必大『本朝食鑑』（島田勇雄訳注）東洋文庫　一九七六～七七年
マルコ・ポーロ『東方見聞録』（青木富太郎訳）現代教養文庫　一九六九年
南　直人『ヨーロッパの舌はどう変わったか――十九世紀食卓革命』講談社選書メチエ　一九九八年
山本直文『西洋食事史』三洋出版貿易　一九七七年
富田虎男、鵜月裕典、佐藤円編著『アメリカの歴史を知るための60章』明石書店　二〇〇〇年
吉田菊次郎『西洋菓子彷徨始末――洋菓子の日本史』朝文社　一九九四年
吉田菊次郎『洋菓子はじめて物語』平凡社新書　二〇〇一年
ラス・カサス『インディアスの破壊についての簡潔な報告』（染田秀藤訳）岩波文庫　一九七六年

◆第一章
浅間和夫『ジャガイモ43話』北海道新聞社　一九七八年
飯塚信雄『フリードリヒ大王――啓蒙君主のペンと剣』中公新書　一九九三年
伊東章治『ジャガイモの世界史――歴史を動かした「貧者のパン」』中公新書　二〇〇八年
ＮＨＫ取材班『人間は何を食べてきたか――「食」のルーツ5万キロの旅』日本放送出版協会　一九八五年
高野　潤『アンデス食の旅――高度差５０００ｍの恵みを味わう』平凡社新書　二〇〇〇年
南直人『ヨーロッパの舌はどう変わったか――十九世紀食卓革命』前掲
春山行夫『食卓のフォークロア』柴田書店　一九七五年

◆第二章
Ａ・サトクリッフ、Ａ・Ｐ・Ｄ・サトクリッフ『エピソード科学史　Ⅳ』前掲

荒井久治『自動車の発達史――ルーツから現代まで　下』山海堂　一九九五年
御堀直嗣『タイヤの科学――走りを支える技術の秘密』ブルーバックス　一九九二年
小林卓二『車輪のはなし』さ・え・ら書房　一九六八年
小松公栄『ゴムのおはなし』日本規格協会　一九九三年
酒井秀男『走りをささえるタイヤの秘密』裳華房　二〇〇〇年
須之部淑男『ゴムのはなし』さ・え・ら書房　一九八四年
ドラゴスラフ・アンドリッチ著、ブランコ・ガブリッチ構成『自転車の歴史――200年の歩み　誕生から未来車へ』（古市昭代訳）ベースボールマガジン社　一九九二年
馬庭孝司『タイヤ――自動車用タイヤの知識と特性』山海堂　一九七九年
渡邉徹郎『タイヤのおはなし』日本規格協会　一九九四年

◆第三章
板倉弘重『最新の医学が解き明かすチョコレートの凄い効能』かんき出版　一九九八年
加藤由基雄、八杉佳穂『チョコレートの博物誌』小学館　一九九六年
久米邦武編『特命全権大使　米欧回覧実記』（田中彰校注）岩波文庫　一九七七～八二年
クリストーバル・コロン『コロンブス航海誌』前掲
ソフィー・D・コウ、マイケル・D・コウ『チョコレートの歴史』（樋口幸子訳）河出書房新社　一九九九年
ティータイム・ブックス編集部編『チョコレートの本』晶文社　一九九八年
明治製菓広報部編『食文化と栄養』明治製菓広報部　一九九四年
明治製菓編『お菓子読本』明治製菓　一九七七年
森永製菓編『チョコレート百科（ミニ博物館）』東洋経済新報社　一九八五年

◆第四章
安達　巌『日本の食物史』前掲

アマール・ナージ『トウガラシの文化誌』(林真理、奥田祐子、山本紀夫訳) 晶文社 一九九七年
家永泰光、盧宇炯『キムチ文化と風土』古今書院 一九八七年
井上宏生『日本人はカレーライスがなぜ好きなのか』平凡社新書 二〇〇〇年
岩井和夫、渡辺達夫編『トウガラシ――辛味の科学』幸書房 二〇〇〇年
クリストーバル・コロン『コロンブス航海誌』前掲
シルビア・ジョンソン『世界を変えた野菜読本』前掲
張競『中華料理の文化史』ちくま新書 一九九七年
鄭大聲『食文化の中の日本と朝鮮』講談社現代新書 一九九二年
鄭大聲『朝鮮の食べもの』築地書館 一九八四年
寺島良安『和漢三才図会 6』(島田勇雄、樋口元巳、竹島淳夫訳注) 東洋文庫 一九八七年
フレデリック・ローゼンガーテンJr.『スパイスの本』(斎藤浩訳・監修) 柴田書店 一九七六年
山崎峯次郎『スパイス・ロード――香辛料の冒険者たち』講談社 一九七五年
山崎峯次郎『香辛料 4』エスビー食品 一九七八年
リュシアン・ギュイヨ『香辛料の世界史』(池崎一郎ほか訳) 文庫クセジュ 一九八七年

◆第五章

上野堅實『タバコの歴史』大修館書店 一九九八年
宇賀田為吉『世界喫煙史』専売弘済会 一九八四年
宇賀田為吉『タバコの歴史』岩波新書 一九七三年
クリストーバル・コロン『コロンブス航海誌』前掲
コネスール編著『たばこの「謎」を解く』河出書房新社 二〇〇二年
J・E・ブルックス『マイティ・リーフ――世界たばこ史物語』(たばこ総合研究センター訳) 山愛書院 二〇〇一年
ジョーダン・グッドマン『タバコの世界史』(和田光弘ほか訳) 平凡社 一九九六年
祥伝社新書編集部『グレート・スモーカー』祥伝社新書 二〇〇六年

日本嗜好品アカデミー編『煙草おもしろ意外史』文春新書　二〇〇二年
日本専公社『たばこ古文献』日本専売公社　一九六七年
村上征一『たばこ屋さんが書いたたばこの本』三水社　一九八九年
ラス・カサス『インディアス史　1～7』（長南実訳、石原保徳編）岩波文庫　二〇〇九年

◆第六章

江藤隆司『〝トウモロコシ〟から読む世界経済』光文社新書　二〇〇二年
川北稔『砂糖の世界史』岩波ジュニア新書　一九九六年
菊池一徳『トウモロコシの生産と利用』光琳　一九八七年
菊池一徳『コーン製品の知識』幸書房　一九九三年
クリストーバル・コロン『コロンブス航海誌』前掲
草川俊『雑穀博物誌』日本経済評論社　一九八四年
ジョージ・E・イングレット『とうもろこし――栽培・加工・製品』（杉山産業化学研究所訳）杉山産業化学研究所　一九七六年
舟田詠子『パンの文化史』朝日選書　一九九八年

◆終　章

富田ほか『アメリカの歴史を知るための60章』前掲
マルコ・ポーロ『東方見聞録』前掲
山内昶『「食」の歴史人類学――比較文化論の地平』人文書院　一九九四年
ラス・カサス『インディアスの破壊についての簡潔な報告』前掲

酒井伸雄――さかい・のぶお

●1935年、神奈川県生まれ。1958年、東京大学農学部農芸化学科卒業。明治製菓食料開発研究所室長、食料生産部長、愛媛明治（現・四国明治）社長を歴任。食文化史家。

●著書に『日本人のひるめし』（中公新書）など。

NHKブックス［1183］

文明を変えた植物たち　コロンブスが遺した種子

2011年8月30日　第1刷発行
2022年4月15日　第4刷発行

著　者　酒井伸雄
発行者　土井成紀
発行所　NHK出版
東京都渋谷区宇田川町41-1　郵便番号　150-8081
電話　0570-009-321（問い合わせ）　0570-000-321（注文）
ホームページ　https://www.nhk-book.co.jp
振替 00110-1-49701
［印刷］壮光舎印刷　［製本］三森製本所　［装幀］倉田明典

落丁本・乱丁本はお取り替えいたします。
定価はカバーに表示してあります。
ISBN978-4-14-091183-9 C1320

NHK BOOKS

*歴史(I)

出雲の古代史　門脇禎二
法隆寺を支えた木［改版］　西岡常一／小原二郎
「明治」という国家［新装版］　司馬遼太郎
「昭和」という国家　司馬遼太郎
日本文明と近代西洋―「鎖国」再考―　川勝平太
戦場の精神史―武士道という幻影―　佐伯真一
知られざる日本―山村の語る歴史世界―　白水　智
古文書はいかに歴史を描くのか―フィールドワークがつなぐ過去と未来―　白水　智
関ヶ原前夜―西軍大名たちの戦い―　光成準治
江戸に学ぶ日本のかたち　山本博文
天孫降臨の夢―藤原不比等のプロジェクト―　大山誠一
親鸞再考―僧にあらず、俗にあらず―　松尾剛次
山県有朋と明治国家　井上寿一
明治〈美人〉論―メディアは女性をどう変えたか―　佐伯順子
『平家物語』の再誕―創られた国民叙事詩―　大津雄一
歴史をみる眼　堀米庸三
天皇のページェント―近代日本の歴史民族誌から―　T・フジタニ
禹王と日本人―「治水神」がつなぐ東アジア―　王　敏
江戸日本の転換点―水田の激増は何をもたらしたか―　武井弘一
外務官僚たちの太平洋戦争　佐藤元英
天智朝と東アジア―唐の支配から律令国家へ―　中村修也
英語と日本軍―知られざる外国語教育史―　江利川春雄
象徴天皇制の成立―昭和天皇と宮中の「葛藤」―　茶谷誠一
維新史再考―公議・王政から集権・脱身分化へ―　三谷　博
壱人両名―江戸日本の知られざる二重身分―　尾脇秀和
戦争をいかに語り継ぐか―「映像」と「証言」から考える戦後史―　水島久光

※在庫品切れの際はご容赦下さい。

NHK BOOKS

*歴史(II)

*地誌・民族・民俗

※在庫品切れの際はご容赦下さい。

NHK BOOKS

＊宗教・哲学・思想

仏像［完全版］―心とかたち― 望月信成／佐和隆研／梅原 猛
原始仏教―その思想と生活― 中村 元
がんばれ仏教！―お寺ルネサンスの時代― 上田紀行
目覚めよ仏教！―ダライ・ラマとの対話― 上田紀行
ブータン仏教から見た日本仏教 今枝由郎
人類は「宗教」に勝てるか―一神教文明の終焉― 町田宗鳳
現象学入門 竹田青嗣
哲学とは何か 竹田青嗣
ヘーゲル・大人のなりかた 西 研
東京から考える―格差・郊外・ナショナリズム― 東 浩紀／北田暁大
日本的想像力の未来―クール・ジャパノロジーの可能性― 東 浩紀編
ジンメル・つながりの哲学 菅野 仁
科学哲学の冒険―サイエンスの目的と方法をさぐる― 戸田山和久
集中講義！日本の現代思想―ポストモダンとは何だったのか― 仲正昌樹
集中講義！アメリカ現代思想―リベラリズムの冒険― 仲正昌樹
哲学ディベート―〈倫理〉を〈論理〉する― 高橋昌一郎
カント 信じるための哲学―「わたし」から「世界」を考える― 石川輝吉
「かなしみ」の哲学―日本精神史の源をさぐる― 竹内整一
道元の思想―大乗仏教の真髄を読み解く― 賴住光子
詩歌と戦争―白秋と民衆、総力戦への「道」― 中野敏男
ほんとうの構造主義―言語・権力・主体― 出口 顯
「自由」はいかに可能か―社会構想のための哲学― 苫野一徳
弥勒の来た道 立川武蔵
イスラームの深層―「遍在する神」とは何か― 鎌田 繁
マルクス思想の核心―21世紀の社会理論のために― 鈴木 直
カント哲学の核心―『プロレゴーメナ』から読み解く― 御子柴善之
戦後「社会科学」の思想―丸山眞男から新保守主義まで― 森 政稔
はじめてのウィトゲンシュタイン 古田徹也
〈普遍性〉をつくる哲学―「幸福」と「自由」をいかに守るか― 岩内章太郎
ハイデガー『存在と時間』を解き明かす 池田 喬

※在庫品切れの際はご容赦下さい。

NHK BOOKS

＊社会

＊政治・法律

※在庫品切れの際はご容赦下さい。

NHK BOOKS

＊自然科学

植物と人間―生物社会のバランス― 宮脇 昭
アニマル・セラピーとは何か 横山章光
免疫・「自己」と「非自己」の科学 多田富雄
生態系を蘇らせる 鷲谷いづみ
がんとこころのケア 明智龍男
快楽の脳科学―「いい気持ち」はどこから生まれるか― 廣中直行
物質をめぐる冒険―万有引力からホーキングまで― 竹内 薫
確率的発想法―数学を日常に活かす― 小島寛之
算数の発想―人間関係から宇宙の謎まで― 小島寛之
新版 日本人になった祖先たち―DNAが解明する多元的構造― 篠田謙一
交流する身体―〈ケア〉を捉えなおす― 西村ユミ
内臓感覚―脳と腸の不思議な関係― 福土 審
暴力はどこからきたか―人間性の起源を探る― 山極寿一
細胞の意思―〈自発性の源〉を見つめる― 団 まりな
寿命論―細胞から「生命」を考える― 高木由臣
太陽の科学―磁場から宇宙の謎に迫る― 柴田一成
形の生物学 本多久夫
ロボットという思想―脳と知能の謎に挑む― 浅田 稔
進化思考の世界―ヒトは森羅万象をどう体系化するか― 三中信宏
イカの心を探る―知の世界に生きる海の霊長類― 池田 譲
生元素とは何か―宇宙誕生から生物進化への137億年― 道端 齊
土壌汚染―フクシマの放射線物質のゆくえ― 中西友子
有性生殖論―「性」と「死」はなぜ生まれたのか― 高木由臣
自然・人類・文明 F・A・ハイエク／今西錦司
新版 稲作以前 佐々木高明
納豆の起源 横山 智
医学の近代史―苦闘の道のりをたどる― 森岡恭彦
生物の「安定」と「不安定」―生命のダイナミクスを探る― 浅島 誠
魚食の人類史―出アフリカから日本列島へ― 島 泰三
フクシマ 土壌汚染の10年―放射性セシウムはどこへ行ったのか― 中西友子

※在庫品切れの際はご容赦下さい。